U0378234

21世纪高职高专规划教材

模具设计与制造系列

压铸工艺与模具设计

李成凯 主编

嵇正波 施华 副主编

清华大学出版社

北京

内 容 简 介

本书围绕压铸成型工艺和模具设计两大主题,系统介绍了压铸工艺方法、常用压铸合金、压铸机、压铸模设计和压铸模材料。本书通过典型压铸件的压铸模设计,体现"以工作过程为导向,工学结合"的理念,突出了压铸模设计的实用性和理论知识的适度性。

本书可作为大中专院校模具设计与制造专业的教学用书,也可作为相关工程技术人员的参考书。

图书在版编目(CIP)数据

压铸工艺与模具设计/李成凯主编.--北京:清华大学出版社,2014(2023.8重印)
21世纪高职高专规划教材.模具设计与制造系列
ISBN 978-7-302-36117-6

Ⅰ.①压… Ⅱ.①李… Ⅲ.①压力铸造-生产工艺-高等职业教育-教材 ②压铸模-设计-高等职业教育-教材 Ⅳ.①TG249.2

中国版本图书馆 CIP 数据核字(2014)第 069699 号

责任编辑:刘翰鹏
封面设计:常雪影
责任校对:刘 静
责任印制:宋 林

出版发行:清华大学出版社
  网 址:http://www.tup.com.cn,http://www.wqbook.com
  地 址:北京清华大学学研大厦 A 座   邮 编:100084
  社 总 机:010- 3470000   邮 购:010-62786544
  投稿与读者服务:010-62776969,c-service@tup.tsinghua.edu.cn
  质 量 反 馈:010-62772015,zhiliang@tup.tsinghua.edu.cn
  课 件 下 载:http://www.tup.com.cn,010-62795764
印 装 者:三河市龙大印装有限公司
经 销:全国新华书店
开 本:185mm×260mm 印 张:14   字 数:317 千字
版 次:2014 年 12 月第 1 版   印 次:2023 年 8 月第 10 次印刷
定 价:38.00元

产品编号:054048-02

前　言

　　压铸方法是一种高效益、高效率的少切削金属成型工艺。近年来这一技术发展非常迅速。压铸技术在工业生产中应用非常广泛，从汽车到家电，几乎各个行业的产品都涉及压铸，压铸模在各类模具中的地位也越来越高。因此金属成型行业对压铸及压铸模的人才需求越来越多，各高校的材料成型及控制专业或者模具设计与制造专业普遍开设该课程，机械类专业也将此课程作为选修课程。

　　为了适应行业发展的需要以及我国高等教育发展和教学改革的需要，根据高等学校人才培养模式的要求，我们编写了本书。本书系统地介绍了压铸理论、压铸合金、压铸工艺、压铸机械和压铸模，重点介绍了压铸模各组成部分的设计要点及设计方法。全书兼顾理论基础和设计实践两个方面，注意理论密切联系实际，确保内容有一定深度并与实际紧密结合。书中附有与压铸密切相关的国家标准、设计方案、技术参数等，可供设计者参考、选用；书中附有的习题与思考题可供练习、思考。本书可作为模具设计与制造专业的教材，也可供压铸工程技术人员学习参考。

　　本书由淮安信息职业技术学院李成凯主编，江苏财经职业技术学院嵇正波、江苏食品职业技术学院施华为副主编。第1～9章、第12章由李成凯编写；第10章由施华编写；第11章由嵇正波编写。淮安信息职业技术学院何时剑主审。

　　由于编者水平有限，不足之处敬请广大读者批评指正。

编者

2014 年 6 月

前　言

目 录

第 1 章

压铸工艺方法、特点及应用

压力铸造(简称压铸)是液态合金在较高的压力作用下以较高的速率充填型腔,并在压力下凝固成型而获得铸件的一种铸造工艺方法。

1.1 压铸工艺方法发展概况

一般认为最早的压铸机械出现在 19 世纪初期,当时广泛用于压铸印刷的铅字在 19 世纪中叶已有专利提出。1885 年默根瑟勒(O. Mergenthaler)研究了以前专利,发明了印字压铸机。1905 年多勒(H. H. Doehler)研制了活塞式压铸机,1907 年瓦格内(V. Wagner)设计了鹅颈式气压压铸机,用于铝合金的压铸。1927 年捷克工程师波拉克(J. Polak)发明了坩埚与压室分离的立式冷压室压铸机,可显著地提高压射压力,克服了热压室压铸机的不足,使之更适合工业生产的要求,将压铸生产技术向前推进了一大步,使得铝、镁、铜等合金可采用压铸进行生产。随着对压铸件质量、产量要求的不断提高和压铸工艺应用范围的扩大,人们对压铸设备不断地提出新的、更高的要求,而新型压铸机的出现以及新工艺、新技术的采用,又促进了压铸生产更加迅速地发展。例如,为了消除压铸件内部的气孔、缩孔(松),改善铸件的质量,1958 年真空压铸在美国获得专利;1966 年美国 General Motors 公司提出了精、速、密压铸法,出现了双冲头(或称精、速、密)压铸;1969 年美国人爱列克斯提出了充氧压铸的无气孔压铸法。为了压铸带有镶嵌件的铸件及实现真空压铸,出现了水平分型的全立式压铸机。为了提高压射速度和实现瞬时增加压射力以便对液态金属进行有效的增压,提高铸件致密度,人们开发了三级压射系统的压铸机。又如在压铸生产过程中,除装备自动浇注、自动取件及自动润滑机构外,还可以通过安装成套测试仪器,对压铸过程中各工艺参数进行检测和控制,如压射力、压射速度显示监控装置和合型力自动控制装置以及计算机的应用等。

当前国外压铸技术发展的趋势是:压铸机向系列化、大型化及自动化发展;计算机在压铸生产中应用日益增多;压铸工艺不断采用新技术以及开展延长压铸模服役寿命研究等。

压力铸造在我国起始于 20 世纪 40 年代,1947 年上海就有人利用热室压铸机生产锌铝合金挂锁,也有的工厂用旧式冷室压铸机生产电风扇上的铝件。但在工业上大量生产压铸件始于 20 世纪 50 年代,即在 1958 年以后。在这时期引进了捷克的 Polak 系列立式压

铸机和苏联 рив-прнетис 卧式压铸机,在汽车、电工和仪表行业中大批量生产压铸件,从此压铸工艺得到迅速发展。在这以后的 10 年中,我国的压铸技术取得了一定的成就,自行设计制造了压铸模,除掌握了常规压铸生产工艺外,还对一些新工艺,如真空压铸和黑色合金压铸进行了探讨,压铸件的应用范围扩展到农机、机床、办公用具、军工等领域。至 20 世纪 90 年代,我国的压铸技术达到一定水平,已自行设计和制造出成系列的性能良好的压铸机。国产压铸机从一般小型到 5000kN、6300kN、8000kN、10000kN、12500kN 及 16000kN 的大型压铸机均有生产,并且 20000～30000kN 的压铸机也已研制成功并批量生产,这标志着我国大型压铸机的设计、制造技术已具备国际水平。同时,我国还对压铸工艺参数测试技术与装置进行了探讨和研制,开展了压铸基础工艺参数对合金性能影响的研究,建立了新的压铸合金系列并拓展了新牌号的压铸合金。我国还研制成水基脱模剂,采用从国外引进的大型压铸机,生产出了大型压铸件,并开始在压铸工艺和模具设计中应用计算机技术。更重要的是在这一时期,我国已建立了自己的压铸技术队伍,培养出一批具有一定水平的压铸技术人才,已有能力在压铸技术与生产领域的各个方面进行开拓性的工作。近年来,压铸的飞速发展得力于汽车和摩托车、电子通信、家用电器等行业的高速发展,这几个行业是压铸件的主要用户。迄今,我国压铸技术已经形成了自己的体系,并正在稳步发展之中。

1.2　压铸工艺过程

压铸工艺过程是由压铸机来完成的。压铸机根据压室的工作条件分为热压室压铸机和冷压室压铸机两大类,而冷压室压铸机又根据压室的布置形式分为卧式和立式两类。

各种压铸机的压铸基本过程都为合模、压射、增压—保压、开模。图 1-1 所示为热压室压铸机压铸过程,图 1-2 所示为卧式冷压室压铸机压铸过程,图 1-3 所示为立式冷压室压铸机压铸过程,图 1-4 所示为升举压室压铸机压铸过程。

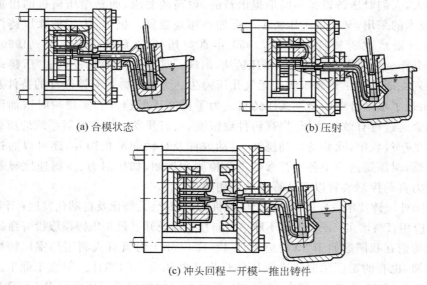

(a) 合模状态　　　　　　　　　　　(b) 压射

(c) 冲头回程—开模—推出铸件

图 1-1　热压室压铸机压铸过程示意图

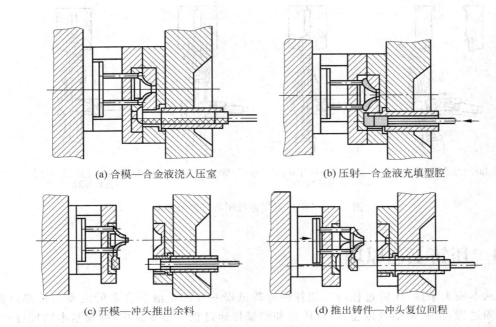

(a) 合模—合金液浇入压室

(b) 压射—合金液充填型腔

(c) 开模—冲头推出余料

(d) 推出铸件—冲头复位回程

图 1-2　卧式冷压室压铸机压铸过程示意图

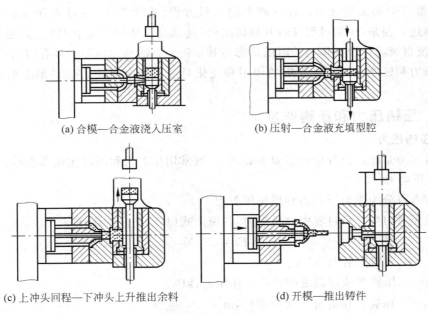

(a) 合模—合金液浇入压室

(b) 压射—合金液充填型腔

(c) 上冲头回程—下冲头上升推出余料

(d) 开模—推出铸件

图 1-3　立式冷压室压铸机压铸过程示意图

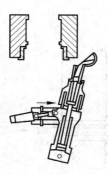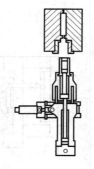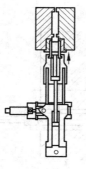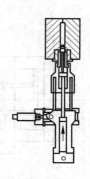

(a) 合金液浇入压室　　(b) 合模—压室转到　　(c) 升举压室贴紧型腔　　(d) 冲头向上压射—合金
　　　　　　　　　　　　　　垂直对准位置　　　　　　　　　　　　　　　　　　液充填型腔

图 1-4　升举压室压铸机压铸过程示意图

1.3　压铸工艺原理

从本质上来说,压铸过程与其他各种铸造过程一样都是液态合金的流动与传热过程和凝固过程,也就是动量传递、质量传递和能量传递过程及相变过程,都是基本物理过程,都遵循自然界中关于物质运动的动量守恒原理、质量守恒原理和能量守恒原理及相变原理。所以压铸过程中液态合金的流动与传热问题和凝固问题也都可以由建立在动量守恒、质量守恒和能量守恒定律基础上的动量方程、连续方程、能量方程及相变(凝固)理论来描述。但是,压铸过程又有其特殊之处,这就是压铸过程是在高压、高速条件下进行的,这使得液态合金充填型腔时的形态与其他铸造方法的充填形态具有很大的差别,因而理解压力和速度在压铸过程中的作用和变化对液态合金流动(充填)形态的影响是必要的。

1.3.1　压铸压力和压铸速度

1. 压铸压力

压铸压力是压铸过程中的主要参数之一,通常用压射力和压射比压来表示。

（1）压射力

压射力可分为充填压射力和增压压射力。

充填压射力指充填过程中的压射力,其值由式(1-1)进行计算,即

$$F_y = P_g A_D \tag{1-1}$$

式中：F_y——充填压射力,kN;

　　　P_g——压铸机液压系统的管路工作压力,kPa;

　　　A_D——压铸机压射缸活塞截面积,m^2。

增压压射力则是指增压阶段的压射力,其值由式(1-2)进行计算,即

$$F_{yz} = P_{gz} A_D \tag{1-2}$$

式中：F_{yz}——增压压射力,kN;

　　　P_{gz}——压铸机压射缸内增压后的液压压力,kPa。

（2）压射比压

压射比压是指压室内与压射冲头接触的金属液在单位面积上所受到的压力，它也可分为压射比压和增压比压。

充填时的比压称为压射比压。压射比压由式（1-3）计算，即

$$P_{b} = \frac{F_{y}}{A_{c}} \tag{1-3}$$

式中：P_{b}——压射比压，kPa；

　　　F_{y}——充填压射力，kN；

　　　A_{c}——压射冲头截面积，m^2。

增压时的比压则叫做增压比压。增压比压由式（1-4）计算，即

$$P_{bz} = \frac{F_{yz}}{A_{c}} \tag{1-4}$$

式中：P_{bz}——增压比压，kPa；

　　　F_{yz}——增压压射力，kN。

由式（1-3）、式（1-4）可见，压射比压与压铸机的压射力成正比，而与压射冲头的截面积成反比。所以压射比压可以通过改变压射力和压射冲头直径（压室内径）来调节。

需要注意的是，压铸过程中，作用在液态金属上的压射比压并非一个常数，而是随着压铸过程的不同阶段而变化。通常，压铸过程中液态金属在压室与压铸模中的运动可分成 4 个阶段，不同阶段液态金属所受压力（比压）如图 1-5 所示。

阶段Ⅰ：慢速封孔阶段。压射冲头以缓慢的速率推进，液态金属在较低的压力 P_0 作用下缓慢通过压室浇孔而被推向压室前部。采用低的压射速率是为了防止液态金属在越过压室浇孔时溅出，并有利于压室中气体的排出，尽量避免液态金属卷入气体。此时 P_0 仅用于克服压室与液压缸对运动活塞的摩擦阻力。

阶段Ⅱ：合金液堆聚阶段。压射冲头以较阶段Ⅰ稍快的速率推进，液态合金在相应的压力 P_1 作用下充满压室前部和整个流道空间而堆聚于内浇口处。

阶段Ⅲ：充填阶段。在此阶段压射冲头以设定的最大速率推进，对于压铸来说，通常内浇口总是整个浇注系统的控流部位，即内浇口处的流动阻力最大，故此阶段压力跃升至 P_2。液态合金在 P_2 压力作用下高速通过内浇口充满整个型腔。

阶段Ⅳ：增压—保压阶段（也称压实阶段）。在充型结束（液态合金充满整个型腔）的瞬间，合金液停止流动，压射动能转变为冲击压力，压力升高至 P_3。与此同时，如果压射系统具有增压机构，则增压机构开始工作而使压力进一步上升至 P_4，并保持至铸件完全凝固为止。这一压力（P_4 或 P_3）称为压实压力（compression pressure），也称为最终压力。由增压器开始工作至压力达到压实压力 P_4 的时间谓之增压响应（增压建压）时间，一般为 0.02~0.04s，现代压铸机的最短增压响应时间已小于 0.002s。

上述过程就是所谓的四阶段（四级）压射过程。需要指出的是，由于各种压铸机压射机构的工作特性各不相同，压铸件结构形状不同，液态合金充填状态及工艺操作条件不同，实际压铸过程中的压力变化曲线会有很大的差别。

由上述可知，压铸过程中作用在液态合金上的压力呈现两种不同的形式和作用。①合金液流动过程中的流体动压力，其作用是完成充填和成型过程。②充填结束后，以流

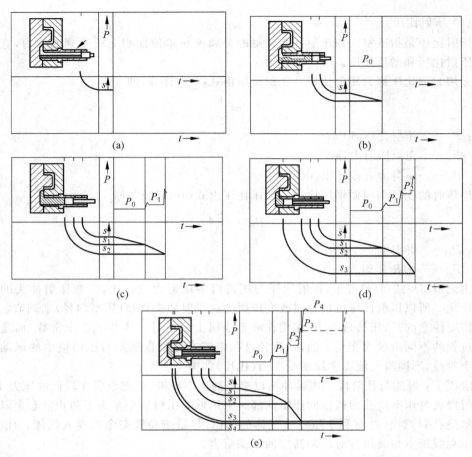

图 1-5　压铸过程不同阶段作用在液态金属液上的压力示意图

P—压射压力；s—冲头移动距离；t—时间

(a)→(b) 封口；(b)→(c) 堆积；(c)→(d) 充填；(d)→(e) 压实

体静压力形式出现的压实压力，其作用是对凝固过程中的合金进行"压实"。压实压力的有效性除与合金的性质和铸件结构特点有关外，还与内浇口的形状、大小及位置有关。

2. 压铸速度

压铸速度(速率)是压铸工艺中另一个主要参数，压铸速度又分为压射速度与充填(充型)速度两个不同的概念。压射速度是指压室内压射冲头的推进速度，而充填速度指的则是内浇口处液态合金的流动速率，即内浇口速度。

速度与压力是互相影响，紧密相关的两个物理量。为讨论方便起见，不妨设液态合金是不可压缩的，且压铸过程中合金液在压室内冲头所处位置到内浇口处这一段路径中的流动视为稳态流动。

首先，由质量守恒原理可得

$$A_n v_n = A_c v_c \tag{1-5}$$

即

$$v_n = \frac{A_c}{A_n} v_c = \frac{\pi d_c^2}{4A_n} v_c \tag{1-6}$$

式中：v_n——内浇口速度，即充填速度，m/s；

　　　A_n——内浇口截面积，m^2；

　　　v_c——压射冲头速度，即压射速度，m/s；

　　　A_c——压射冲头截面积，m^2；

　　　d_c——压射冲头直径，即压室直径，m。

　　式(1-5)说明，不可压缩流体稳态流动时，其流速(严格来讲是其平均流速)与流道截面积成反比。即截面积大的地方流速小，截面积小的地方流速大。由于冲头(即压室)截面积总是远大于内浇口截面积，所以内浇口速度远大于压射速度，其原理即在于此。由式(1-6)可知，合金液充填速率可以通过改变 d_c、v_c 和 A_n 的数值来调节。其中压室直径的变化既可以较显著地改变充填速度，也同时使压射比压的数值随之变化。而通过改变内浇口的截面积来调整充填速度则是不太方便的，这是因为压铸模上的内浇口截面积在修整时通常是扩大容易、缩小困难。压射速度的调节可通过调节压铸机上的压力阀来实现。在实际生产中究竟如何调整则应根据具体情况和条件来确定。

　　其次，假设液态合金是理想流体(即忽略液态合金的黏性，其动力黏度 $\mu = 0$)，由此应用伯努利(Bernoulli)方程可得

$$gz_c + \frac{P_b}{\rho} + \frac{v_c^2}{2} = gz_n + \frac{P_n}{\rho} + \frac{v_n^2}{2} \tag{1-7}$$

　　伯努利方程式(1-7)实质上是理想不可压缩流体稳定流动状态下能量守恒的数学表达，即单位质量流体所携带的总能量在其流经的路程上任何位置保持不变，但其势能、压力能和动能可以互相转换。对于压铸过程，重力(势能)的作用显然可以忽略，于是式(1-7)简化为

$$\frac{P_b}{\rho} + \frac{v_c^2}{2} = \frac{P_n}{\rho} + \frac{v_n^2}{2} \tag{1-8}$$

式中：P_b，P_n——压射比压和内浇口处液态合金所受的压力，Pa；

　　　ρ——液态合金密度，kg/m^3。

　　式(1-8)以十分简单的形式清楚地给出了理想不可压缩流体稳定流动状态下，流体流动速度与所受压力之间的关系。即流速大的地方压力小，流速小的地方压力大。对于实际黏性流体，在考虑了沿程损耗后，依然可以得出同样的结论。

　　由式(1-8)可得充填速度为

$$v_n = \sqrt{2\left(\frac{P_b - P_n}{\rho} + v_c^2\right)} \tag{1-9}$$

　　注意到压射开始时 $v_c = 0$，而压射比压 P_b 为表压(流体的相对压力，即流体的绝对压力与大气压力的差值。压力表测量到的就是此值，故通常叫做表压)，$P_n = P_{atm}$(大气压力)，于是式(1-9)可简化为

$$v_n = \sqrt{2\frac{P_b}{\rho}} \tag{1-10}$$

　　对于实际液态金属流体，其动力黏度 $\mu \neq 0$，流动过程中由于流体与边界的摩擦、流体与流体间的摩擦而产生阻力，因此流体流动过程中沿流动方向总能量是逐步减少的。对

此,可引入流量系数(或称阻力系数)η 而将式(1-10)修正为

$$\eta = \sqrt{2\dfrac{P_b}{\rho}} \qquad\qquad (1\text{-}11)$$

式中：η——流量系数(阻力系数)。

由式(1-11)可知,压射压力 P_b 越大,充填速率 v_n 越大;反之亦然。

1.3.2   液态合金流动(充填)形态有关理论

压铸过程中,液态合金充填型腔时的流动(充填)形态是非常复杂的,涉及流体力学、传热学和热力学等多学科理论问题,且与诸如液态合金的密度、黏度、表面张力、凝固温度范围以及铸件的形状尺寸、内浇口形状尺寸与位置、压射比压、压铸温度等液态合金的物理性质和压铸工艺参数有关。

为了揭示压铸充填过程中液态合金的流动形态,长期以来人们进行了大量的实验研究,但是到目前为止尚未有完整的充填理论。早期虽提出了一些充填理论,但其论点都是在特定的实验条件下得到的,有较大的局限性,在实际压铸生产中直接应用这些理论还存在很多问题,这已为生产实践所证实。

早期典型的压铸充填理论归纳起来主要有以下 3 种。

1. 喷射充填理论

喷射充填理论是由弗洛梅尔(Frommer)于 1932 年提出的。弗洛梅尔认为：当液态合金在压力作用下通过内浇口喷射进入型腔,射流在撞击对面型壁之前保持其初始方向及截面形状,撞击型壁后,部分液态合金在该处聚集并形成涡流和扰动,继续充填则扰动更加明显。而另一部分被称为"前流"的液态金属则在增长着的聚集区前面沿型壁向内浇口方向折返。"前流"部分的液态合金量与射流截面的大小、速度及金属液的黏度有关。由于"前流"对型壁的摩擦及热量损耗而使流速减慢,以致聚集区追上"前流"。在折返充填型腔的过程中,产生剧烈的涡流现象。这一充填过程如图 1-6 所示。

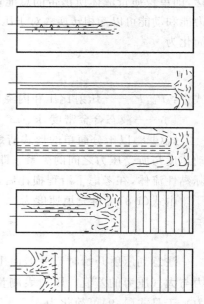

图 1-6　喷射充填理论的流动形态示意图

当内浇口截面积与型腔截面积之比($A_内/A_腔$)>1/3 且充填速度较低时,除液态合金聚集区的前沿部分稍有扰动外,其余部分则相当稳定,而且随着聚集区增长,充填过程越来越平稳。反之,当($A_内/A_腔$)<1/3 且充填速度较高时,整个充填过程中,聚集区发生激烈扰动。在聚集区追上"前流"之前,型腔被液态合金填充部分的长度与液态合金填充速度和温度、型腔的形状以及压铸模的温度等因素有关。充分的排气是减小涡流和铸件内卷入气体的重要条件。

2. 全壁厚充填理论

全壁厚充填理论是勃兰特（Brandt）于 1937 年提出的。他用一个矩形截面的压铸模压铸铝合金压铸件，并在型腔内布置了一些与仪器和记录装置连接起来的电触点，以揭示液体合金在型腔内的充填情况。根据实验结果认为：液体合金压入型腔后，随即扩展至型壁，如图 1-7 所示，然后沿着整个型腔截面向前流动，直至型腔全部被液体合金充满为止。并且该理论认为，无论内浇口截面积与型腔截面积之比的大小如何，流动形态均不受影响。由于液体合金是以"全壁厚"形态向前推进，犹如"液态活塞"，充填时不产生涡流现象并且型腔中的气体很容易得到充分的排除。

3. 三阶段充填理论

三阶段充填理论是巴顿（Barton）在 1944 年提出的。巴顿认为，在整个压铸过程中有温度梯度的影响，还有液态合金内部和靠近金属——模具界面的金属层的速度的差异。合金液流过型腔表面的方式在很大程度上决定了铸件表面粗糙度、流痕、搭接等。在此基础上，巴顿提出了他的理论，认为液体合金充填铸型的过程是一个包含着力学、热力学和流体动力学的复杂过程，充填过程大致可分为 3 个阶段，如图 1-8 所示。

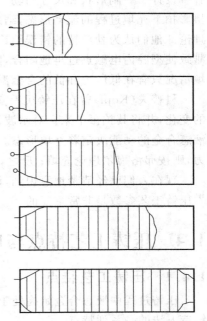

图 1-7　全壁厚充填理论的流动
形态示意图

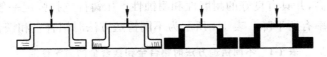

图 1-8　三阶段充填理论的流动形态示意图

第一阶段：液体合金以近似内浇口的形状进入型腔，首先冲击对面的型壁，并沿型壁向型腔四周扩展流向内浇口。在合金流过的型壁上形成铸件的外壳，又称薄壳层。

第二阶段：随后进入的液体合金进行薄壳层内空间的充填，直至充满。

第三阶段：在型腔完全充满的同时，压力通过尚未凝固的中心部分作用在铸件上，型腔内的金属得到压实。

巴顿还认为，充填过程的 3 个阶段对铸件质量所起的作用是不同的：第一阶段是铸件的表面质量；第二阶段是铸件的硬度；第三阶段是铸件的强度。

以上就是早期的 3 种典型充填理论。由于压铸充填过程是在极短时间内完成的，并且铸型是不透明的，因而直接观察铸型内的充填形态极其困难，几乎是不可能的。此外，充填形态还与压射工艺参数、铸件和内浇口的形状以及内浇口截面积与型腔截面积之比、压铸合金的性能等因素有关。因此，学术界对充填理论一直存在着不同的看法。

弗洛梅尔的充填理论为许多实验所证实，故能为大多数人所接受。例如，柯斯特和戈林曾设计了一副形状和尺寸与勃兰特实验时相似的压型,其两侧镶以抗热玻璃,通过高速摄影拍下充填过程的流动形态,结果却与弗洛梅尔充填理论基本相符,从而否定了勃兰特理论。他们认为勃兰特的错误结论是因实验时的失误造成的。充填时,由于液态金属飞溅致使型腔内电触点过早地闭合,因而反映了偶然的不确实的情况。实际上勃兰特的充填情况只有在低压力和低的合金温度下才有可能出现。

科普夫(Kopf)曾在压铸机上安装测试仪器,通过示波器显示压铸过程中压力和速度的变化,并将其拍摄下来。对示波器图像进行分析后,科普夫所得结论为:进入型腔内的液态合金的动能决定着充填形态。如果内浇口处的液态合金的动能大于型腔内的流动阻力,则按弗洛梅尔理论充填;反之,则按勃兰特理论充填。

现在人们已经清楚地意识到,认识液态合金充填过程对正确确定排气道的位置及基本压铸工艺参数是非常重要的。

1.4　压铸工艺特点与应用范围

1.4.1　压铸工艺特点

压铸过程中液态合金始终处于高压的作用下,由此也就形成了压力铸造有别于其他铸造方法的一系列特点。

(1) 压铸件的尺寸精度高,表面粗糙度低。其尺寸精度可达 IT13～11 级,甚至可达 IT9 级,表面粗糙度达 $Ra3.2～0.8\mu m$,甚至达 $Ra0.4\mu m$,产品互换性好。

(2) 压铸件组织致密,具有较高的强度和表面硬度。因为液态合金是在压力下凝固的,又因充填时间很短,冷却速度极快,所以在压铸件上靠近表面的一层金属晶粒较细,组织致密,使表面硬度提高,并具有良好的耐磨性和耐蚀性。压铸件抗拉强度一般比砂型铸造提高28%左右,但伸长率有所下降。表 1-1 所示为不同铸造方法时铝合金和镁合金的力学性能。

表 1-1　不同铸造方法时铝合金和镁合金的力学性能

合金	力学性能								
	压 力 铸 造			金 属 型 铸 造			砂 型 铸 造		
	抗拉强度 R_m/MPa	断后伸长率 $A/\%$	布氏硬度 HBW	抗拉强度 R_m/MPa	断后伸长率 $A/\%$	布氏硬度 HBW	抗拉强度 R_m/MPa	断后伸长率 $A/\%$	布氏硬度 HBW
铝硅合金	200～250	1.0～2.0	84	180～220	2.0～6.0	65	170～190	4.0～7.0	60
铝硅合金 (w_{Cu}: 0.8%)	200～230	0.5～1.0	85	180～220	2.0～3.0	60～70	170～190	2.0～3.0	65
铝合金	200～220	1.5～2.2	85	140～170	0.5～1.0	65	120～150	1.0～2.0	60
镁合金 (w_{Al}: 0.8%)	190	1.5	—	—	—	—	150～170	1.0～2.0	—

(3) 压铸工艺可以制造形状复杂、轮廓清晰、薄壁深腔的金属零件。因为液态合金在高压高速下可保持高的流动性,因而能够获得其他工艺方法难以加工的金属零件。例如,锌合金压铸件最小壁厚可达 0.3mm;铝合金铸件可达 0.5mm;最小铸出孔直径为

0.7mm；可铸出最小螺距为 0.75mm 的螺纹。

(4) 在压铸件上可以直接嵌铸其他材料的零件，以节省贵重材料和加工工时。这既满足了使用要求，扩大产品用途，又减少了装配工作量，使制造工艺简化。

(5) 材料利用率高。由于压铸件具有尺寸精确、表面粗糙度低等优点，一般不再进行机械加工而直接装配使用，或加工量很小，只需经过少量机械加工即可装配使用，所以既提高了金属利用率，又减少了大量的加工设备和工时。其材料利用率为 60%～80%，毛坯利用率达 90%。

(6) 生产率极高。因为压铸生产易实现机械化和自动化操作，生产周期短，效率高，适合大批量生产。在所有铸造方法中，压铸是一种生产率最高的方法。例如，一般冷压室压铸机平均每班可压铸 600～700 次，小型热压室压铸机平均每班可压铸 3000～7000 次。另外，压铸模寿命长，一副压铸模压铸铝合金寿命可达几十万次，甚至上百万次。

(7) 极易产生气孔、氧化夹杂物等缺陷。压铸时由于液态合金充填速度极快，型腔中气体很难完全排除，从而降低了压铸件内在质量。并且，由于高温时气孔内的气体膨胀会使压铸件表面鼓泡，故一般压铸件不能进行热处理，也不宜在高温下工作。

(8) 不适宜小批量生产。其主要原因是压铸机和压铸模费用昂贵，压铸机生产效率高，小批量生产不经济。

(9) 压铸件尺寸受到限制。压铸工艺因受到压铸机锁模力及装模尺寸的限制而不能压铸大型铸件。对内凹复杂的铸件，压铸较为困难。

(10) 压铸合金种类受到限制。由于压铸模具受到使用温度的限制，高熔点合金(如黑色合金)压铸模寿命较低，难以用于工业化规模生产。目前常用的压铸合金主要是锌合金、铝合金、镁合金及铜合金。

1.4.2　压铸应用范围

压力铸造是近代发展较快的一种高效、少无切削的金属成型工艺方法。由于压力铸造具有许多优点，这种工艺方法已广泛应用于国民经济的各行各业中。压铸件除用于汽车和摩托车、仪器仪表、工业电器外，还广泛应用于家用电器、农机、无线电、通信、机床、运输、造船、照相机、钟表、计算机、纺织器械等行业。其中汽车和摩托车制造业是最主要的应用领域，汽车约占 70%，摩托车约占 10%。目前生产的一些压铸零件最小的只有几克，最大的铝合金铸件质量达 50kg，直径可达 2m。

压铸件的形状多种多样，大体上可以分为 6 类。

(1) 圆盖类——表盖、机盖、底盘等。

(2) 圆盘类——号盘座等。

(3) 圆环类——接插件、轴承保持器、转向盘等。

(4) 筒体类——凸缘外套、导管、壳体形状的罩壳、仪表盖、上盖、深腔仪表罩、照相机壳与盖、化油器等。

(5) 多孔缸体、壳体类——汽缸体、汽缸盖及油泵体等多腔的结构较为复杂的壳体(这类零件对力学性能和气密性均有较高的要求，材料一般为铝合金)，如汽车与摩托车的缸体、缸盖。

(6) 特殊形状类——叶轮、喇叭、字体由筋条组成的装饰性压铸件等。

目前采用压铸方法可以生产铝、锌、镁和铜等合金。由于缺乏理想的耐高温模具材料，黑色合金的压铸尚处于小规模试验研究阶段，还不能进行工业化规模生产。在有色合金的压铸中，铝合金所占比例最高，占 60%～80%。锌合金次之，占 10%～20%。在国外，锌合金铸件绝大部分为压铸件。铜合金压铸件较少，比例仅占压铸件总量的 1%～3%。镁合金压铸件过去应用很少，曾应用于林业机械中，不到 1%。但近年来随着汽车工业、电子通信工业的发展和产品轻量化的要求，加之近期镁合金压铸技术日趋完善，从而使镁合金压铸件市场备受关注。可以预期，随着很多金属矿产资源的日益枯竭，被誉为"21 世纪的绿色工程材料"的镁合金材料，将在汽车、3C（Computers（计算机）、Communications（通信器材）和 Consumer electronics（消费类电子））产品、航空航天、国防军工等领域具有越来越重要的应用价值和广阔的应用前景。

思考题

1. 列举你所见过的 10 个压铸零件名称。
2. 何谓压铸？简述卧式压铸机的压铸过程。
3. 压铸的特点是什么？其应用范围如何？
4. "压铸过程中合金液所受的压力越大，其流速就越大，反之亦然"，这句话对否？

第 2 章

压铸件工艺设计与压铸工艺

2.1　压铸件工艺设计

压铸件工艺设计是压铸生产技术中的重要部分,主要涉及压铸工艺对铸件形状结构的要求、压铸件的技术条件(技术要求)、压铸件的工艺性能及压铸件分型面的确定等。

2.1.1　压铸工艺对压铸件结构的要求

压铸件的质量除了受到各种工艺因素的影响外,其零件结构工艺(合理)性也是一个十分重要的因素,如分型面的位置、浇口的设计、推出机构的布置、精度的保证、缺陷的种类及其程度等,都是与压铸件本身的结构工艺(合理)性密切相关的。

压铸件的结构直接影响着压铸模的结构设计与制造的难易程度、生产效率及使用寿命等各个方面。合理的压铸件结构可以缩短产品的试制周期,降低生产成本,保证产品质量,提高生产效率。因此,压铸件的结构形状应力求简单,尤其是要注意消除无法或难以进行侧向抽芯的内部侧凹,以简化模具结构,提高模具使用寿命。

压铸件结构设计时需要考虑的主要问题如下。

1. 有利于简化模具结构,延长模具寿命

(1)铸件分型面处应尽量避免圆角

如图 2-1(a)所示的圆角不仅增加了模具的加工难度,而且使圆角处的模具强度和寿命有所下降。若动模与定模稍有错位,压铸圆角部分易形成台阶,影响外观。若将结构改为如图 2-1(b)所示的形状,则分型面平整,加工简便,避免了上述缺点。

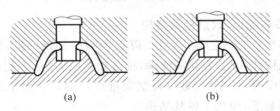

(a)　　　　　　　　　　(b)

图 2-1　铸件分型面处避免圆角示意图

（2）避免内部侧凹

图 2-2（a）所示的压铸件内法兰和轴承孔为内侧凹结构，抽芯困难，需设置复杂的抽芯机构或可熔型芯。这既增加了模具的复杂形状和加工量，又降低了生产效率。但若将内侧凹结构改为如图 2-2（b）所示的结构形式，则既可解决抽芯困难的问题，又可简化模具结构。

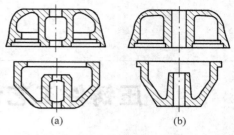

图 2-2　避免内部侧凹示意图

（3）避免交叉的不通

交叉的不通孔必须使用公差配合较高的互相交叉的型芯，如图 2-3（a）所示，这既增加了模具的加工量，又要求严格控制抽芯的次序。一旦金属液窜入型芯交叉的间隙中，则会使抽芯发生困难。若将交叉的不通孔改为如图 2-3（b）所示的结构，即可避免型芯的交叉，消除了上述的缺点。

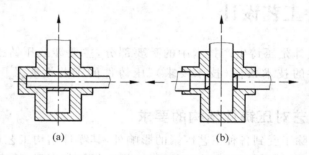

图 2-3　避免交叉的不通孔示意图

（4）避免模具局部过薄

如图 2-4（a）所示的铸件结构，因孔边离凸缘距离过小，易使模具镶块在 a 处断裂。若将压铸件改为如图 2-4（b）所示的 $a \geqslant 3mm$ 的结构，可使镶块具有足够的强度，从而提高模具的使用寿命。

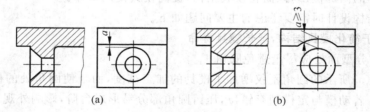

图 2-4　避免模具局部过薄示意图

2. 有利于减少抽芯部位，改进模具结构

减少不与分型面垂直的抽芯部位，可以降低模具的复杂程度，容易保证压铸件的精度。图 2-5（a）所示压铸件，中心方孔深度深，抽芯距离长，需设专用抽芯机构，模具复杂；加上悬臂式型芯伸入型腔，易变形，难以控制侧壁壁厚均匀。而采用如图 2-5（b）所示的H 形断面结构就不需抽芯，简化了模具结构。

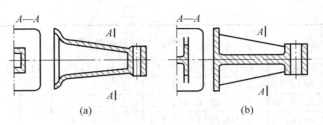

图 2-5　避免或减少抽芯示意图

3. 有利于抽芯，方便铸件脱模

如图 2-6(a)所示压铸件结构，因型芯 K 受凸台阻碍，无法顺利抽芯。若将压铸件的形状做适当修改，变为如图 2-6(b)所示的结构，则型芯 K 即可顺利抽出。

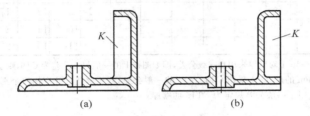

图 2-6　方便抽芯示意图

2.1.2　压铸件的技术条件（技术要求）

1. 压铸件的尺寸精度

虽然影响压铸件尺寸精度的因素众多，例如：铸件形状与大小；合金材料的化学成分与收缩率；压铸工艺参数（主要是浇注温度、模具温度、脱模温度等）；压铸机的结构精度和刚度；开(合)模、抽芯和推出机构的运动状态；模具的磨损、模具维修状况及其使用寿命等。但是，压铸件能达到的尺寸精度是比较高的，基本上由压铸模的设计与制造精度而定。而且其重复(再现)性很好，批量生产的压铸件尺寸一致，具有很好的互换性。

（1）压铸件的尺寸公差

《铸件　尺寸公差与机械加工余量》(GB/T 6414—1999)中规定了各种铸造方法生产的各类金属及其合金铸件的尺寸公差(见表 2-1)。该国家标准等效于 ISO 8062：1994《铸件尺寸公差制》。

表 2-1　铸件尺寸公差(摘自 GB/T 6414—1999)　　　　单位：mm

毛坯铸件基本尺寸		铸件尺寸公差等级 CT[①]														
大于	至	1	2	3	4	5	6	7	8	9	10	11	12	13[②]	14[②]	15[②]	16[②③]
0	10	0.09	0.13	0.18	0.26	0.36	0.52	0.74	1	1.5	2	2.8	4.2	—	—	—	—
10	16	0.1	0.14	0.2	0.28	0.38	0.54	0.78	1.1	1.6	2.2	3.0	4.4	—	—	—	—
16	25	0.11	0.15	0.22	0.30	0.42	0.58	0.82	1.2	1.7	2.4	3.2	4.6	6	8	10	12
25	40	0.12	0.17	0.24	0.32	0.46	0.64	0.9	1.3	1.8	2.6	3.6	5	7	9	11	14
40	63	0.13	0.18	0.26	0.36	0.50	0.70	1	1.4	2	2.8	4	5.6	8	10	12	16

毛坯铸件基本尺寸		铸件尺寸公差等级CT[①]															
大于	至	1	2	3	4	5	6	7	8	9	10	11	12	13[②]	14[②]	15[②]	16[②③]
63	100	0.14	0.20	0.28	0.40	0.56	0.78	1.1	1.6	2.2	3.2	4.4	6	9	11	14	18
100	160	0.15	0.22	0.30	0.44	0.62	0.88	1.2	1.8	2.5	3.6	5	7	10	12	16	20
160	250	—	0.24	0.34	0.50	0.72	1	1.4	2	2.8	4	5.6	8	11	14	18	22
250	400			0.40	0.56	0.78	1.1	1.6	2.2	3.2	4.4	6.2	9	12	16	20	25
400	630				0.64	0.9	1.2	1.8	2.6	3.6	5	7	10	14	18	22	28
630	1000	—	—	—	0.72	1	1.4	2	2.8	4	6	8	11	16	20	25	32
1000	1600				0.80	1.1	1.6	2.2	3.2	4.6	7	9	13	18	23	29	37
1600	2500							2.6	3.8	5.4	8	10	15	21	26	33	42
2500	4000								4.4	6.2	9	12	17	24	30	38	49
4000	6300									7	10	14	20	28	35	44	56
6300	10000										11	16	23	32	40	50	64

注：① 在等级CT1～16中对壁厚采用粗一级公差，即如图样上的一般尺寸公差为CT6，则壁厚尺寸公差为CT7。

② 对于不超过16mm的尺寸，不采用CT13～16的一般公差，对于这些尺寸应标注个别公差。

③ 等级CT16仅适用于一般公差规定为CT15的壁厚。

正常情况下，公差带应相对于基本尺寸对称分布，即公差的一半在基本尺寸之上，另一半在基本尺寸之下。如有特殊要求而采取非对称分布，则应在图样上注明或在技术文件中规定。

通常公差带的位置规定如下。

第一，不加工的配合尺寸，孔取正（＋），轴取负（－）。

第二，待加工的尺寸，孔取负（－），轴取正（＋）；或孔与轴均取双向偏差（±），但偏差值为CT6级精度公差值的1/2。

第三，非配合尺寸，根据压铸件结构的需要确定公差带位置取单向或双向，必要时调整基本尺寸。

① 线性尺寸公差。按 GB/T 6414—1999 规定，批量生产时各类金属及其合金的压铸件尺寸公差等级见表 2-2。

表 2-2　压铸件尺寸公差等级（摘自 GB/T 6414—1999）

合金种类	公差等级 CT	合金种类	公差等级 CT
锌合金	4～6	铜合金	6～8
轻金属合金（铝、镁合金）	4～7		—

厚度（壁厚、肋厚、法兰或凸缘厚度等）尺寸公差，按 GB/T 6414—1999 规定，其尺寸公差按粗一级公差选用。即如果图样上的一般尺寸公差为CT6，则壁厚尺寸公差为CT7。

对于压铸件上受分型面或压铸模活动部分影响的尺寸，则需要增大尺寸公差。为了适用于各种铸件，按 GB/T 6414—1999 规定，表 2-1 中的公差值已经包括了这一公差增加量。

② 角度和锥度尺寸公差。角度和锥度尺寸公差按表 2-3 和图 2-7 所示选取。角度公差按角度短边长度决定，锥度公差按锥体母线长度决定。

表 2-3　压铸件角度与锥度公差

精度等级	基本尺寸 L/mm												
	≤3	>3~6	>6~10	>10~18	>18~30	>30~50	>50~80	>80~120	>120~180	>180~260	>260~360	>360~500	>500
	角度和锥度偏差±$\Delta\alpha$												
1	1°30′	1°15′	1°	50′	40′	30′	25′	20′	15′	12′	10′	8′	6′
2	2°30′	2°	1°30′	1°15′	1°	50′	40′	30′	25′	20′	15′	12′	10′
3	4°	3°	2°30′	2°	1°30′	1°15′	1°	50′	40′	30′	25′	20′	15′
4	6°	5°	4°	3°	2°30′	2°	1°30′	1°15′	1°	50′	40′	30′	25′

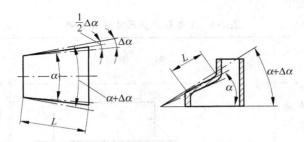

图 2-7　压铸件角度与锥度公差示意图

（2）精密压铸件的尺寸公差

通常将精密压铸件的尺寸按照压铸所能达到的尺寸公差等级的不同而分成一般尺寸、严格尺寸和高精度尺寸 3 种：所谓一般尺寸即未标注公差的尺寸；严格尺寸是要求在模具结构上消除分型面和活动部分影响的尺寸；而高精度尺寸则是不仅要求在模具结构上消除分型面、活动部分以及收缩率选用误差等的影响，而且要求在模具维修、压铸工艺和尺寸检测等方面严格控制的尺寸。

根据是否受分型面和活动型芯的影响，可将压铸件的尺寸分为 A、B 两类：不受分型面和活动型芯影响的尺寸为 A 类尺寸，受分型面或活动型芯影响的尺寸则为 B 类尺寸。图 2-8 所示为压铸模分型面和活动型芯与铝合金压铸件尺寸精度的关系，表 2-4 给出了 A 类与 B 类尺寸的分类示例。

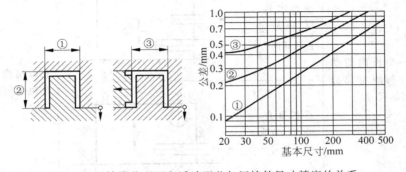

图 2-8　压铸模分型面和活动型芯与压铸件尺寸精度的关系

对于压铸件上受分型面或活动型芯影响的 B 类尺寸,其公差不宜按严格尺寸,更不应按高精度尺寸来要求。如确属必需,则应参照精密压铸件的尺寸推荐公差表 2-5～表 2-12 补加公差增量。表 2-5～表 2-12 中空间对角线长度 L 如图 2-9 所示,其计算公式为

$$L = \sqrt{a^2 + b^2 + c^2} \qquad (2\text{-}1)$$

式中：L——压铸件空间对角线长度,mm;

　　　a——长度,mm;

　　　b——宽度,mm;

　　　c——高度,mm。

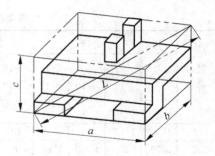

图 2-9　压铸件空间对角线 L 示意图

表 2-4　A 类与 B 类尺寸分类示例

类别	限定尺寸的条件	图　例		影响尺寸精度的主要因素
与分型面和活动型芯无关的 A 类尺寸	在一半模内固定部分之间的尺寸 A			对于小尺寸,型腔精度起主导作用,对于大尺寸,收缩率误差起主导作用
	在一半模内活动部分与固定部分之间的尺寸	尺寸 A 与型芯导向垂直		型腔精度、孔位精度、型芯精度导滑部位的精度
	在一半模内活动部分与固定部分之间的尺寸	型芯平行,尺寸 A 垂直于导向		孔位精度、型芯导滑部位的间隙
		型芯垂直,尺寸 A 垂直于导向		

续表

类别	限定尺寸的条件	图　例		影响尺寸精度的主要因素
与分型面和活动型芯无关的 A 类尺寸	在两半模内与分型面平行的尺寸	固定部分之间的尺寸 A		型腔精度、导柱导套的配合精度
	在两半模内由一半模成型的尺寸	尺寸 A 垂直于分型面（推杆推出铸件）		型腔精度、分型面的平行度
		尺寸 A 与型芯导向垂直		型腔精度、模具分型面的平行度、卸料板底面的残屑
与分型面和活动型芯无关的 B 类尺寸	两半模内固定部分与活动部分之间的尺寸	尺寸 B 与型芯导向垂直或平行		分型面的平行度、型芯导滑部分精度、型腔孔位精度、分型面上的残屑、锁模力、模板平行度
		尺寸 B 与型芯导向平行		分型面的平行度、型芯精度、分型面上的残屑、锁模力
	两半模内活动部分之间的尺寸	尺寸 B 与型芯导向垂直或平行		分型面的平行度、型芯导滑部分精度、型腔孔位精度、分型面上的残屑、锁模力、模板平行度
				分型面的平行度、型芯楔紧度、分型面上的残屑、锁模力

类别	限定尺寸的条件	图　例		影响尺寸精度的主要因素
与分型面和活动型芯无关的 B 类尺寸	两半模内固定部分之间的尺寸	型芯垂直，尺寸 B 垂直于导向		分型面的平行度、分型面上的残屑、锁模力、模板平行度
	在一半模内活动部分之间的尺寸	尺寸 B 与分型面平行		型腔精度、斜滑块的楔紧度

表 2-5　压铸件高精度尺寸推荐公差　　　　　单位：mm

空间对角线 L	合金种类	基本尺寸													
		≤18	>18 ~30	>30 ~50	>50 ~80	>80 ~120	>120 ~180	>180 ~250	>250 ~315	>315 ~400	>400 ~500	>500 ~630	>630 ~800	>800 ~1000	>1000 ~1250
~50	锌合金	0.04	0.05	0.06	—	—	—	—	—	—	—	—	—	—	—
	铝、镁合金	0.07	0.08	0.10	—	—	—	—	—	—	—	—	—	—	—
	铜合金	0.11	0.13	0.16	—	—	—	—	—	—	—	—	—	—	—
>50~ 180	锌合金	0.07	0.08	0.10	0.12	0.14	0.16								
	铝、镁合金	0.11	0.13	0.16	0.19	0.22	0.25								
	铜合金	0.18	0.21	0.25	0.30	0.35	0.40								
>180~ 500	锌合金	0.11	0.13	0.16	0.19	0.22	0.25	0.29	0.32	0.36	0.40	—			
	铝、镁合金	0.18	0.21	0.25	0.30	0.35	0.40	0.46	0.52	0.57	0.63				
	铜合金	0.27	0.33	0.39	0.46	0.54	0.63	0.72	0.81	0.89	0.97				
>500	锌合金	0.18	0.21	0.25	0.30	0.35	0.40	0.46	0.52	0.57	0.63	0.70	0.80	0.90	1.05
	铝、镁合金	0.27	0.33	0.39	0.46	0.54	0.63	0.72	0.81	0.89	0.97	1.10	1.25	1.40	1.65

表 2-6　压铸件严格尺寸推荐公差　　　　单位：mm

空间对角线 L	合金种类	基本尺寸													
		≤18	>18~30	>30~50	>50~80	>80~120	>120~180	>180~250	>250~315	>315~400	>400~500	>500~630	>630~800	>800~1000	>1000~1250
~50	锌合金	0.07	0.08	0.10	—	—	—	—	—	—	—	—	—	—	—
	铝、镁合金	0.11	0.13	0.16	—	—	—	—	—	—	—	—	—	—	—
	铜合金	0.18	0.21	0.25	—	—	—	—	—	—	—	—	—	—	—
>50~180	锌合金	0.11	0.13	0.16	0.19	0.22	0.25	—	—	—	—	—	—	—	—
	铝、镁合金	0.18	0.21	0.25	0.30	0.35	0.40	—	—	—	—	—	—	—	—
	铜合金	0.27	0.33	0.39	0.46	0.54	0.63	—	—	—	—	—	—	—	—
>180~500	锌合金	0.18	0.21	0.25	0.30	0.35	0.40	0.46	0.52	0.57	0.63	—	—	—	—
	铝、镁合金	0.27	0.33	0.39	0.46	0.54	0.63	0.72	0.81	0.89	0.97	—	—	—	—
	铜合金	0.35	0.43	0.51	0.60	0.71	0.82	0.94	1.06	1.15	1.21	—	—	—	—
>500	锌合金	0.27	0.33	0.39	0.46	0.54	0.63	0.72	0.81	0.89	0.97	1.10	1.25	1.40	1.65
	铝、镁合金	0.35	0.43	0.51	0.60	0.71	0.82	0.94	1.06	1.15	1.21	1.43	1.62	1.85	2.12

表 2-7　锌合金压铸件一般尺寸推荐公差（长、宽、高、直径、中心距）　　　　单位：mm

空间对角线 L	精度等级	尺寸类别	基本尺寸													
			≤18	>18~30	>30~50	>50~80	>80~120	>120~180	>180~250	>250~315	>315~400	>400~500	>500~630	>630~800	>800~1000	>1000~1250
~50	I	A	0.09	0.11	0.13	—	—	—	—	—	—	—	—	—	—	—
		B	0.19	0.21	0.23	—	—	—	—	—	—	—	—	—	—	—
	II	A	±0.11	±0.14	±0.16	—	—	—	—	—	—	—	—	—	—	—
		B	±0.21	±0.24	±0.26	—	—	—	—	—	—	—	—	—	—	—
>50~180	I	A	±0.11	±0.14	±0.16	±0.19	±0.22	±0.25	—	—	—	—	—	—	—	—
		B	±0.21	±0.24	±0.26	±0.29	±0.32	±0.35	—	—	—	—	—	—	—	—
	II	A	±0.14	±0.17	±0.2	±0.23	±0.27	±0.32	—	—	—	—	—	—	—	—
		B	±0.29	±0.32	±0.35	±0.38	±0.42	±0.47	—	—	—	—	—	—	—	—
>180~500	I	A	±0.14	±0.17	±0.2	±0.23	±0.27	±0.32	±0.36	±0.4	±0.45	±0.48	—	—	—	—
		B	±0.29	±0.32	±0.35	±0.38	±0.42	±0.47	±0.51	±0.55	±0.6	±0.63	—	—	—	—
	II	A	±0.17	±0.2	±0.25	±0.3	±0.35	±0.4	±0.45	±0.5	±0.55	±0.6	—	—	—	—
		B	±0.37	±0.4	±0.45	±0.5	±0.55	±0.6	±0.65	±0.7	±0.75	±0.8	—	—	—	—
>500	I	A	±0.17	±0.2	±0.25	±0.3	±0.35	±0.4	±0.45	±0.5	±0.55	±0.6	±0.7	±0.8	±0.9	±1.1
		B	±0.37	±0.4	±0.45	±0.5	±0.55	±0.6	±0.65	±0.7	±0.75	±0.8	±0.9	±1	±1.1	±1.3
	II	A	±0.22	±0.26	±0.31	±0.37	±0.44	±0.5	±0.6	±0.65	±0.7	±0.8	±0.9	±1	±1.1	±1.3
		B	±0.47	±0.51	±0.56	±0.62	±0.69	±0.75	±0.85	±0.9	±0.95	±1.1	±1.2	±1.3	±1.4	±1.6

表 2-8　锌合金压铸件一般尺寸推荐公差(壁厚、肋、圆角)　　单位:mm

空间对角线 L	精度等级	尺寸类别	基本尺寸		
			≤3	>3~6	>6~10
≤50	I	A	±0.1	±0.12	±0.14
		B	±0.2	±0.22	±0.24
	II	A	±0.13	±0.15	±0.18
		B	±0.23	±0.25	±0.28
>50~180	I	A	±0.13	±0.15	±0.18
		B	±0.23	±0.25	±0.28
	II	A	±0.15	±0.2	±0.2
		B	±0.3	±0.35	±0.35
>180~500	I	A	±0.15	±0.2	±0.2
		B	±0.3	±0.35	±0.35
	II	A	±0.2	±0.25	±0.3
		B	±0.4	±0.45	±0.5
>500	I	A	±0.2	±0.25	±0.3
		B	±0.4	±0.45	±0.5
	II	A	±0.25	±0.3	±0.35
		B	±0.45	±0.5	±0.55

表 2-9　铝、镁合金压铸件一般尺寸推荐公差(长、宽、高、直径、中心距)　　单位:mm

空间对角线 L	精度等级	尺寸类别	基本尺寸													
			≤18	>18~30	>30~50	>50~80	>80~120	>120~180	>180~250	>250~315	>315~400	>400~500	>500~630	>630~800	>800~1000	>1000~1250
~50	I	A	±0.11	±0.14	±0.16	—	—	—	—	—	—	—	—	—	—	—
		B	±0.21	±0.24	±0.26	—	—	—	—	—	—	—	—	—	—	—
	II	A	±0.14	±0.17	±0.2	—	—	—	—	—	—	—	—	—	—	—
		B	±0.24	±0.27	±0.3	—	—	—	—	—	—	—	—	—	—	—
>50~180	I	A	±0.14	±0.17	±0.2	±0.23	±0.27	±0.32	—	—	—	—	—	—	—	—
		B	±0.24	±0.27	±0.3	±0.33	±0.37	±0.42	—	—	—	—	—	—	—	—
	II	A	±0.17	±0.2	±0.25	±0.3	±0.35	±0.4	—	—	—	—	—	—	—	—
		B	±0.32	±0.35	±0.4	±0.45	±0.5	±0.55	—	—	—	—	—	—	—	—
>180~500	I	A	±0.17	±0.2	±0.25	±0.3	±0.35	±0.4	±0.45	±0.5	±0.55	±0.6	—	—	—	—
		B	±0.32	±0.35	±0.4	±0.45	±0.5	±0.55	±0.6	±0.65	±0.7	±0.75	—	—	—	—
	II	A	±0.22	±0.26	±0.31	±0.37	±0.44	±0.5	±0.6	±0.65	±0.7	±0.8	—	—	—	—
		B	±0.42	±0.46	±0.51	±0.57	±0.64	±0.7	±0.8	±0.85	±0.9	±1	—	—	—	—
>500	I	A	±0.22	±0.26	±0.31	±0.37	±0.44	±0.5	±0.6	±0.65	±0.7	±0.8	±0.9	±1	±1.2	±1.3
		B	±0.42	±0.46	±0.51	±0.57	±0.64	±0.7	±0.8	±0.85	±0.9	±1	±1.1	±1.2	±1.4	±1.5
	II	A	±0.25	±0.35	±0.4	±0.45	±0.55	±0.65	±0.75	±0.8	±0.85	±0.95	±1.1	±1.2	±1.4	±1.6
		B	±0.55	±0.65	±0.7	±0.75	±0.85	±0.95	±1	±1.1	±1.1	±1.2	±1.4	±1.5	±1.7	±1.9

表 2-10　铝、镁合金压铸件一般尺寸推荐公差（壁厚、肋、圆角）　　单位：mm

空间对角线 L	精度等级	尺寸类别	基本尺寸		
			≤3	>3～6	>6～10
≤50	Ⅰ	A	±0.13	±0.15	±0.18
		B	±0.23	0.25	±0.28
	Ⅱ	A	±0.15	±0.2	±0.23
		B	±0.25	±0.3	±0.33
>50～180	Ⅰ	A	±0.15	±0.2	±0.23
		B	±0.25	±0.3	±0.33
	Ⅱ	A	±0.2	±0.25	±0.3
		B	±0.35	±0.4	±0.45
>180～500	Ⅰ	A	±0.2	±0.25	±0.3
		B	±0.35	±0.4	±0.45
	Ⅱ	A	±0.25	±0.3	±0.35
		B	±0.45	±0.5	±0.55
>500	Ⅰ	A	±0.25	±0.3	±0.35
		B	±0.45	±0.5	±0.55
	Ⅱ	A	±0.13	±0.4	±0.45
		B	±0.55	±0.6	±0.7

表 2-11　铜合金压铸件一般尺寸推荐公差（长、宽、高、直径、中心距）　　单位：mm

空间对角线 L	精度等级	尺寸类别	基本尺寸									
			≤18	>18～30	>30～50	>50～80	>80～120	>120～180	>180～250	>250～315	>315～400	>400～500
～50	Ⅰ	A	±0.17	±0.2	±0.25	—	—	—	—	—	—	—
		B	±0.27	±0.3	±0.35	—	—	—	—	—	—	—
	Ⅱ	A	±0.22	±0.26	±0.31	—	—	—	—	—	—	—
		B	±0.37	±0.41	±0.46	—	—	—	—	—	—	—
>50～180	Ⅰ	A	±0.22	±0.26	±0.31	±0.37	±0.44	±0.5	—	—	—	—
		B	±0.37	±0.41	±0.46	±0.52	±0.59	±0.65	—	—	—	—
	Ⅱ	A	±0.25	±0.35	±0.4	±0.45	±0.55	±0.65	—	—	—	—
		B	±0.45	±0.55	±0.6	±0.65	±0.75	±0.85	—	—	—	—
>180～500	Ⅰ	A	±0.25	±0.35	±0.4	±0.45	±0.55	±0.65	±0.75	±0.8	±0.9	±1
		B	±0.45	±0.55	±0.6	±0.65	±0.75	±0.85	±0.95	±1	±1.1	±1.2
	Ⅱ	A	±0.35	±0.4	±0.5	±0.6	±0.7	±0.8	±0.95	±1.1	±1.2	±1.3
		B	±0.55	±0.6	±0.7	±0.8	±0.9	±1	±1.1	±1.3	±1.4	±1.5

表 2-12　铜合金压铸件一般尺寸推荐公差(壁厚、肋、圆角)　　　　单位：mm

空间对角线 L	精度等级	尺寸类别	基本尺寸		
			≤3	>3～6	>6～10
≤50	I	A	±0.15	±0.2	±0.2
		B	±0.25	0.3	±0.3
	II	A	±0.2	±0.25	±0.3
		B	±0.35	±0.4	±0.45
>50～180	I	A	±0.2	±0.25	±0.3
		B	±0.35	±0.4	±0.45
	II	A	±0.25	±0.3	±0.35
		B	±0.45	±0.5	±0.55
>180～500	I	A	±0.25	±0.3	±0.35
		B	±0.45	±0.5	±0.55
	II	A	±0.3	±0.4	±0.45
		B	±0.5	±0.6	±0.65

2. 压铸件的形位公差

压铸件的形状和位置精度主要是由压铸模的成型部分所决定的,而压铸模具成型部分的形状和位置可以达到很高的精度。因此,一般情况下对压铸件的形状和位置精度不必另作要求,其公差值包括在有关尺寸的公差值范围内。若需要对压铸件的形状和位置精度作出规定,则参照表 2-13～表 2-15 在图样中注明。相应位置关系示意图如图 2-10 和图 2-11 所示。

表 2-13　压铸件平面度公差(摘自 GB/T 15114—2009)　　　　单位：mm

被测量部位尺寸	铸态	整形后	被测量部位尺寸	铸态	整形后
	公　差　值			公　差　值	
≤25	0.20	0.10	>160～250	0.80	0.30
>25～63	0.30	0.15	>250～400	1.10	0.40
>63～100	0.40	0.20	>400～630	1.50	0.50
>100～160	0.55	0.25	>630	2.00	0.70

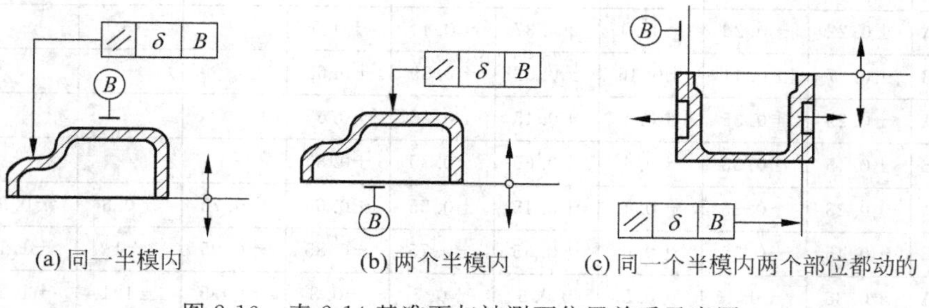

(a) 同一半模内　　　　　(b) 两个半模内　　　　(c) 同一个半模内两个部位都动的

图 2-10　表 2-14 基准面与被测面位置关系示意图

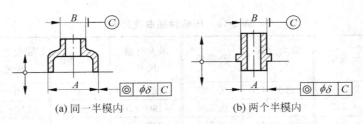

图 2-11 表 2-15 基准面与被测面位置关系示意图

(a) 同一半模内　　　　　　(b) 两个半模内

表 2-14 压铸件平行度、垂直度、端面跳动公差（摘自 GB/T 15114—2009） 单位：mm

被测量部位在测量方向上的尺寸	被测部位和基准部位在同一半模内			被测部位和基准部位不在同一半模内		
	两个部位都不动的	两个部位中有一个动的	两个部位都动的	两个部位都不动的	两个部位中有一个动的	两个部位都动的
	公 差 值					
≤25	0.10	0.15	0.20	0.15	0.20	0.30
>25～63	0.15	0.20	0.30	0.20	0.30	0.40
>63～100	0.20	0.30	0.40	0.30	0.40	0.60
>100～160	0.30	0.40	0.60	0.40	0.60	0.80
>160～250	0.40	0.60	0.80	0.60	0.80	1.00
>250～400	0.60	0.80	1.00	0.80	1.00	1.20
>400～630	0.80	1.00	1.20	1.00	1.20	1.40
>630	1.00			1.20		

表 2-15 压铸件同轴度、对称度公差（摘自 GB/T 15114—2009） 单位：mm

被测量部位在测量方向上的尺寸	被测部位和基准部位在同一半模内			被测部位和基准部位不在同一半模内		
	两个部位都不动的	两个部位中有一个动的	两个部位都动的	两个部位都不动的	两个部位中有一个动的	两个部位都动的
	公 差 值					
≤30	0.15	0.30	0.35	0.30	0.35	0.50
>30～50	0.25	0.40	0.50	0.40	0.50	0.70
>50～120	0.35	0.55	0.70	0.55	0.70	0.85
>120～250	0.55	0.80	1.00	0.80	1.00	1.20
>250～500	0.80	1.20	1.40	1.20	1.40	1.60
>500～800	1.20	—		1.60		

　　对于压铸件来说，经常出现的一个问题是由于压铸件整体变形造成翘曲而产生误差。因此规定，翘曲的误差称为翘曲度，其公差值规定如下。铸件最大外廓尺寸不大于 50mm 时，允许公差为 0.2mm；最大外廓尺寸大于 50mm 时，以 0.2mm 为基本公差值，在 50mm 以后，每增加 10mm（不足 10mm 的按 10mm 计），则加附加公差 0.015mm；总的公差值不大于 0.6mm。压铸件翘曲度公差见表 2-16。

　　由于铸件的翘曲变形直接影响到其平行度和垂直度误差，因此发生翘曲变形后，只需检查翘曲度，而不再检查平行度和垂直度。

表 2-16　压铸件翘曲度公差　　　　　　　　单位：mm

最大外廓尺寸	公差值	最大外廓尺寸	公差值	最大外廓尺寸	公差值	最大外廓尺寸	公差值
≤50	0.200	>110~120	0.305	>180~190	0.410	>250~260	0.515
>50~60	0.215	>120~130	0.320	>190~200	0.425	>260~270	0.530
>60~70	0.230	>130~140	0.335	>200~210	0.440	>270~280	0.545
>70~80	0.245	>140~150	0.350	>210~220	0.455	>280~290	0.560
>80~90	0.260	>150~160	0.365	>220~230	0.470	>290~300	0.575
>90~100	0.275	>160~170	0.380	>230~240	0.485	>300~310	0.590
>100~110	0.290	>170~180	0.395	>240~250	0.500	>310	0.600

3. 压铸件的表面质量

压铸件的表面质量包含表面粗糙度和表面缺陷两种情况。参照 GB/T 13821—2009，以使用范围和表面粗糙度为依据的压铸件表面质量分级见表 2-17，以表面缺陷为依据的压铸件表面质量分级见表 2-18。

表 2-17　压铸件表面质量不同级别的使用范围和表面粗糙度（摘自 GB/T 13821—2009）

级别	符号	使用范围	表面粗糙度
1	Y1	工艺要求高的表面：镀、抛光、研磨的表面，相对运动的配合面，危险应力区表面	$Ra1.6$
2	Y2	要求一般或要求密封的表面，阳极氧化以及装配接触面等	$Ra3.2$
3	Y3	保护性的涂覆表面及紧固接触面，油漆打腻表面，其他表面	$Ra6.3$

表 2-18　以表面缺陷为依据的压铸件表面质量分级（摘自 GB/T 13821—2009）

序号	缺陷名称	检验范围	表面质量级别			说　明
			1级	2级	3级	
1	花纹、麻面、有色斑点	三者面积不超过总面积的百分数/%	5	25	40	
2	流痕	深度/mm≤	0.05	0.07	0.15	
		面积不大于总面积的百分数/%	5	15	30	
3	冷隔	深度/mm≤	不允许	1/5 壁厚	1/4 壁厚	1. 在同一部位对应处不允许同时存在 2. 长度是指缺陷流向的展开长度
		长度不大于铸件最大轮廓尺寸/mm		1/10	1/5	
		所在面上不允许超过的数量		2 处	2 处	
		离铸件边缘距离/mm		4	4	
		两冷隔间距/mm		10	10	
4	擦伤	深度/mm≤	0.05	0.10	0.25	除一级表面外，浇口部位允许增加 1 倍
		面积不大于总面积的百分数/%	3	5	10	
5	凹陷	凹入深度/mm≤	0.10	0.30	0.50	
6	黏附物痕迹	整个铸件不允许超过	不允许	1 处	2 处	
		占带缺陷表面面积百分数/%		5	10	

续表

序号	缺陷名称		检验范围	表面质量级别			说明
				1 级	2 级	3 级	
7	边角残缺深度		铸件边长≤100mm 时	0.3	0.5	1.0	不超过边长度的 5%
			铸件边长>100mm 时	0.5	0.8	1.2	
8	气泡	平均直径≤3mm	每 100cm² 缺陷个数不超过	不允许	1	2	允许两种气泡同时存在,但大气泡不超过 3 个,总数不超过 10 个且边距不小于 10mm
			整个铸件不超过的个数		3	7	
			离铸件边缘距离/mm≥		3	3	
			气泡凸起高度/mm≤		0.2	0.3	
		平均直径>3~6mm	每 100cm² 缺陷个数不超过	不允许	1	1	
			整个铸件不超过的个数		1	3	
			离铸件边缘距离/mm≥		5	5	
			气泡凸起高度/mm≤		0.3	0.5	
9	顶杆痕迹		凹入铸件深度不超过该处壁厚的	不允许	1/10	1/10	
			最大凹入量/mm		0.4	0.4	
			凸起高度/mm≤		0.2	0.2	
10	网状毛刺		凸起或凹下/mm≤	不允许	0.2	0.2	
11	各类缺陷总和		面积不超过总面积的百分数/%	5	30	50	

　　正常情况下,压铸件表面粗糙度一般比模具成型表面粗糙度差两级,表 2-19 列出了 GB/T 6060.1—1997《表面粗糙度比较样块　铸造表面》中规定的压铸件表面粗糙度参数值。在模具的正常使用寿命期间,压铸件表面粗糙度参数值可保持的范围为:锌、镁合金为 $Ra1.6~3.2\mu m$;铝合金为 $Ra3.2~6.3\mu m$;铜合金的最差,受模具龟裂的影响很大。

表 2-19　压铸件表面粗糙度参数值(摘自 GB/T 6060.1—1997)

合金种类	表面粗糙度参数公称值 $Ra/\mu m$								
	0.2	0.4	0.8	1.6	3.2	6.3	12.5	25	50
锌合金	×	×	*	*	*	*	*	*	*
铝合金		×	×	*	*	*	*	*	*
镁合金		×	×	*	*	*	*	*	*
铜合金			×	×	*	*	*	*	*

　　注:×为采取特殊措施方能达到的铸造金属及合金的表面粗糙度;*为可以达到的铸造金属及合金的表粗糙度。

4. 压铸件的加工余量

　　尽管压铸件能达到的尺寸和形位精度是比较高的,然而在很多情况下还是可能达不到设计要求,此时应优先考虑采用校正、拉光、挤压、整形等精整加工,以保留性能较高的表面致密层。仅当精整加工仍不能满足设计要求时才考虑机械加工,机械加工时应尽可能以不受分型面和活动型芯影响的表面为毛坯基准面,且应选取尽可能小的加工余量。GB/T 6414—1999《铸件尺寸公差与机械加工余量》规定了各种铸造方法生产的各类金属及其合金铸件的机械加工余量(RMA)(见表 2-20),以及推荐用于压铸的机械加工余量等级(见表 2-21)。

表 2-20   要求的铸件机械加工余量（RMA）（摘自 GB/T 6414—1999）   单位：mm

最大尺寸[①]		要求的机械加工余量等级									
大于	至	A[②]	B[②]	C	D	E	F	G	H	J	K
—	40	0.1	0.1	0.2	0.3	0.4	0.5	0.5	0.7	1	1.4
40	63	0.1	0.2	0.3	0.3	0.4	0.5	0.7	1	1.4	2
63	100	0.2	0.3	0.4	0.5	0.7	1	1.4	2	2.8	4
100	160	0.3	0.4	0.5	0.8	1.1	1.5	2.2	3	4	6
160	250	0.3	0.5	0.7	1	1.4	2	2.8	4	5.5	8
250	400	0.4	0.7	0.9	1.3	1.4	2.5	3.5	5	7	10
400	630	0.5	0.8	1.1	1.5	2.2	3	4	6	9	12
630	1000	0.6	0.9	1.2	1.8	2.5	3.5	5	7	11	14
1000	1600	0.7	1	1.4	2	2.8	4	5.5	8	11	16
1600	2500	0.8	1.1	1.6	2.2	3.2	4.5	6	9	14	18
2500	4000	0.9	1.3	1.8	2.5	3.5	5	7	10	14	20
4000	6300	1	1.4	2	2.8	4	5.5	8	11	16	22
6300	10000	1.1	1.5	2.2	3	4.5	6	9	12	17	24

注：① 最终机械加工后铸件的最大轮廓尺寸。
② 等级 A 和 B 仅用于特殊场合，如在采购方与铸造厂已就夹持面和基准面或基准目标商定模板装备、铸造工艺和机械加工工艺的成批生产情况下。

表 2-21   压铸件典型的机械加工余量等级（摘自 GB/T 6414—1999）

	机械加工余量等级		
铸造方法	铸 件 材 料		
	锌合金	轻金属合金	铜合金
压力铸造	B~D	B~D	B~D

2.1.3　压铸件工艺设计（压铸件基本结构设计）

压铸件工艺设计也就是对压铸零件结构的工艺合理性进行分析，充分考虑各个方面的要求，如压铸工艺特点（压铸工艺对压铸件结构的要求）、压铸件结构要素特性以及铸件清理、表面处理、机械加工等后道工序，设计出合理的压铸件基本结构。合理的铸件结构可以显著有效地缩短产品试制周期，保证产品质量，提高生产效率，降低生产成本。

压铸件工艺设计主要就是压铸件结构要素，如壁厚、肋、圆角、孔和槽、脱模斜度、螺纹、齿轮、文字、标识、图案和网纹以及嵌件等的设计。

1. 壁厚

压铸件的合理壁厚与铸件的具体结构、合金材料的性能及压铸工艺等诸多因素有关，如非特殊要求，应以正常、均匀壁厚为宜。若壁厚过薄，充填成型比较困难，反之壁厚过厚或厚薄极不均匀，则容易产生缩孔（松）或缩陷及裂纹等缺陷。并且，由于压铸件的力学性能与其壁厚有很大的关系，随着壁厚增加，其抗拉强度明显下降，故在铸件强度和刚度足够的前提下应尽量减小壁厚，并尽可能整体上使各截面的厚薄均匀一致。各种压铸合金的合理壁厚见表 2-22，推荐的压铸件正常壁厚与最小壁厚见表 2-23。

表 2-22　压铸件合理壁厚

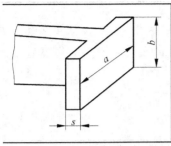

壁的面积	壁厚 s/mm			
$(a\times b)$/cm²	锌合金	铝合金	镁合金	铜合金
≤25	0.8～4.5	1.0～4.5	1.0～4.5	1.5～4.5
>25～100	0.8～4.5	1.5～4.5	1.5～4.5	1.5～4.5
>100～400	1.5～4.5(6)	1.5～4.5(6)	1.5～4.5(6)	1.5～4.5(6)
>400	1.5～4.5(6)	1.5～4.5(6)	1.5～4.5(6)	1.5～4.5(6)

表 2-23　压铸件正常壁厚与最小壁厚

壁的面积	壁厚 s/mm							
$(a\times b)$/cm²	锌合金		铝合金		镁合金		铜合金	
	正常	最小	正常	最小	正常	最小	正常	最小
≤25	1.5	0.5	2.0	0.8	2.0	0.8	1.5	0.8
>25～100	1.8	1.0	2.5	1.2	2.5	1.2	2.0	1.5
>100～500	2.2	1.5	3.0	1.8	3.0	1.8	2.5	2.0
>500	2.5	2.0	4.0	2.5	4.0	2.5	3.0	2.5

此外,为了保证良好的成型条件,压铸件的外侧边缘需保证一定的壁厚,边缘壁厚 s 与深度 h 的关系见表 2-24。

表 2-24　压铸件边缘壁厚与深度的关系　　单位:mm

	壁厚范围
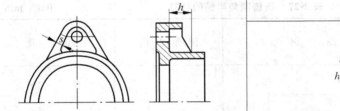	$s\geqslant(1/4\sim1/3)h$ $h<4.5$ 时,$s\geqslant1.5$

2. 肋

肋俗称加强筋,设计肋的目的是增强铸件的强度和刚度,并且还可以使金属液流动顺畅,改善充填状态,避免增大壁厚很容易产生的缩孔(松)、气孔及裂纹等缺陷的问题。通常肋的结构与壁厚的关系和相关尺寸见表 2-25 与表 2-26。

3. 圆角

压铸件除了在分型面上不宜采用圆角外,其他各个部位都应设计成圆角连接(过渡)。圆角不仅有助于改善金属液的流动状态,使充填更加顺畅、气体更易排逸、有利铸件成型,同时又能避免因尖角产生应力集中而导致铸件或模具开裂。对需要进行电镀的压铸件来说,圆角则更是获得均匀镀层、防止尖角处镀层沉积的必要条件。压铸圆角半径的计算参见表 2-27。

表 2-25　肋的结构与壁厚的关系和相关尺寸

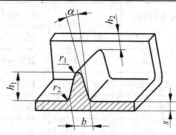

有 关 数 据	说 明
$b=(1\sim1.4)s$	b——肋的根部宽度
$h_1=5s$	s——铸件壁厚
$h_2>0.8$	h_1——肋的高度
$\alpha\leqslant3°$	h_2——肋端距离壁端的高度
$r_1=(0.5b\cos\alpha-s\sin\alpha)\div(1-\sin\alpha)$	α——斜度
$r_2=\left(\dfrac{1}{3}\sim\dfrac{2}{3}\right)(s+b)$	r_1——外圆角半径
	r_2——内圆角半径

表 2-26　肋的高度 h_1、斜度 α 和圆角半径 r_1 的关系　　　　单位：mm

h_1	α	r_1	h_1	α	r_1
$\leqslant20$	$3°$	$\leqslant(0.527b\sim0.055h)$	$>30\sim40$	$2°$	$\leqslant(0.518b\sim0.036h)$
$>20\sim30$	$2°30'$	$\leqslant(0.522b\sim0.046h)$	$>40\sim60$	$1°30'$	$\leqslant(0.513b\sim0.027h)$

注：h 为压铸件壁厚；b 为加强肋的根部宽度。

表 2-27　压铸圆角半径的计算　　　　单位：mm

相连接两壁的厚度	图 例	圆角半径	说 明
相等壁厚		$r_{min}=Ks$ $r_{max}=s$ $R=r+s$	锌合金 $K=\dfrac{1}{4}$ 铝、镁、铜合金 $K=\dfrac{1}{2}$
不等壁厚		$r\geqslant(s+s_1)\div3$ $R=r+(s+s_1)\div2$	

4. 孔和槽

　　铸件上的孔和槽,在可能的情况下应直接铸出。这既可以使得壁厚尽量均匀,减少局部热节,更可以节约合金材料,并减少机加工工时。可压铸孔的最小孔径的孔径与深度的关系见表 2-28。槽的结构形状及其相关尺寸间的关系见图 2-12 和表 2-29。

表 2-28　压铸孔最小孔径和孔径与深度的关系　　　　　　　单位:mm

合金材料	最小孔径 d		深度 h			
	经济上合理的	技术上可能的	盲　孔		通　孔	
			$d>5$	$d\leqslant5$	$d>5$	$d\leqslant5$
锌合金	1.5	0.8	$6d$	$4d$	$12d$	$8d$
铝合金	2.5	2.0	$4d$	$3d$	$8d$	$6d$
镁合金	2.0	1.5	$5d$	$4d$	$10d$	$8d$
铜合金	4.0	2.5	$3d$	$2d$	$5d$	$3d$

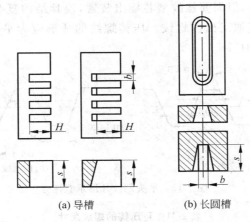

(a) 导槽　　　　　(b) 长圆槽

图 2-12　槽的结构形状示意图

表 2-29　槽的相关尺寸间的关系　　　　　　　单位:mm

尺　寸	合　金　材　料			
	锌合金	铝合金	镁合金	铜合金
最小宽度 b	0.8	1.2	1.0	1.5
最大深度 H	12	10	12	10
厚度 s	12	10	12	8

5. 脱模斜度

　　脱模斜度的作用是减少铸件脱模时与模具的摩擦,从而降低抽芯力、推出力,便于铸件顺利脱模,避免铸件表面拉伤,并可延长模具寿命。因此压铸件工艺设计时必须考虑一定的脱模斜度。脱模斜度的大小与铸件几何形状(如高度或深度)、壁厚及型腔或型芯表面状态(如表面粗糙度)等有关。在可能的范围内,宜采用较大的脱模斜度,以尽量减小所需的抽芯力和推出力。推荐的脱模斜度见表 2-30。

表 2-30　压铸件脱模斜度

合金材料	配合面的最小脱模斜度		非配合面的最小脱模斜度	
	外表面 α	内表面 β	外表面 α	内表面 β
锌合金	10′	15′	15′	45′
铝、镁合金	15′	30′	30′	1°
铜合金	30′	40′	1°	1°30′

6. 螺纹

由于压铸件表面层具有耐磨、耐压的优点,所以尽管压铸螺纹的精度要比机械加工的差一些,但还是常常被采用。对于外螺纹的压铸,从简化模具结构、提高生产效率角度考虑,宜采用两半分型的螺纹型环。由于两半分型的螺纹型环压铸外螺纹容易出现轴向错扣或圆度不够等问题,故需留出 0.2～0.3mm 的加工余量,以便后续机加工修整。对于内螺纹,虽然也可以压铸,但需要螺纹型芯旋出装置,模具结构复杂,工作效率低,故通常采取先铸出底孔,再机械加工出内螺纹。压铸螺纹的牙形应为平头(图 2-13)或圆头,可压铸的螺纹尺寸见表 2-31。

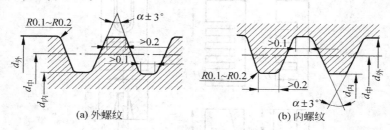

图 2-13　平头螺纹牙形示意图

表 2-31　可压铸的螺纹尺寸　　　　　　单位:mm

合金材料	最小螺距	最小螺纹半径		最大螺纹长度(螺距的倍数)	
		外螺纹	内螺纹	外螺纹	内螺纹
锌合金	0.75	6	10	8	5
铝合金	1.0	10	20	6	4
镁合金	1.0	6	14	6	4
铜合金	1.5	12	—	6	—

7. 齿轮

压铸齿轮的最小模数见表 2-32,其脱模斜度则由表 2-30 所示按内表面 β 值选取。对精要求高的齿轮,齿面需留有 0.2～0.3mm 的加工余量。

表 2-32　压铸齿轮最小模数　　　　　　单位:mm

合金材料	锌合金	铝、镁合金	铜合金
最小模数 m	0.3	0.5	1.5

8. 文字、标识、图案和网纹

压铸件上可以压铸出各种各样的文字、标识、图案和网纹,从模具制造角度考虑,由于模具上加工凹纹相比于凸纹要容易得多,故压铸文字、标识、图案和网纹以采用凸纹为宜。并且,文字大小一般不小于 GB/T 14691—1993 规定的 5 号字,文字凸出高度大于 0.3mm(通常取 0.5mm),线条宽度一般为凸出高度的 1.5 倍(常取 0.8mm),线条最小间距大于0.3mm,脱模斜度为 10°~15°。所有的文字、标识、图案和网纹设计都应避免尖角,且图案应尽量简洁,便于模具加工和提高模具使用寿命。

9. 嵌件

压铸时可以将金属或非金属制件(谓之嵌件)铸入压铸零件的某一部位上,从而使压铸件该部位具有一些特定的性能或用途。可铸入的嵌件种类很多,一般多为螺杆(螺规)、螺母、轴、套、管状、片状制件等。

嵌铸主要有以下目的。

① 改善或改变铸件局部性能,如强度、硬度、耐蚀性、耐磨性、导电性、导磁性、绝缘性、焊接性等,以扩大压铸件的应用范围。

② 改善压铸件的工艺性,如消除局部热节、消除侧凹、细长孔、曲折腔道等有碍抽芯或脱模的结构。

③ 代替部分装配工序或将复杂件转化为简单件。

铸入嵌件时需注意以下事项。

① 为使嵌件可靠地与铸件相结合,防止嵌件松动或移动,嵌件表面或端面应进行滚花、开槽、铣扁或其他相应的工艺措施。

② 嵌件周围的铸件金属层应有足够的厚度,以保证铸件对嵌件的包紧力,并防止铸件开裂。嵌件周围金属层最小厚度见表 2-33。

表 2-33 嵌件直径与周围金属层最小厚度　　　　单位:mm

嵌件直径 d	金属层最小厚度 s	金属层外径 D
1	1	3
3	1.5	6
5	2	9
8	2.5	13
11	2.5	16
13	3	19
16	3	22
18	3.5	25

③ 嵌件在模具中的定位应稳固、可靠,确保充填期间嵌件不会因金属液的冲击而发生移位或脱落。

④ 嵌件材料与铸件金属之间应不产生电化学腐蚀,否则,应对嵌件进行防蚀性处理,防止嵌件与铸件之间产生电化学腐蚀。

2.2　压铸工艺参数

压铸机、压铸模、压铸合金是压铸生产的三大要素,压铸生产过程也就是通过压铸工艺将这三大要素进行有机结合和综合应用的过程。因而压铸工艺的正确、合理性,即压力、速度、时间和温度等工艺参数值的正确选择与合理匹配,是获得优质铸件的关键,并且还直接影响到压铸生产的效率和模具的使用寿命。

2.2.1　压力参数

如何正确合理地选择压力(比压),是制定压铸工艺的一个重要问题。从提高铸件内部组织的致密性来说,提高压力无疑是有效的。但是压力过高则使压铸模受金属液流的冲刷加剧,黏膜的可能性增大,反而影响铸件的质量,并降低压铸模的使用寿命。因此,压铸比压(包括压射比压和增压比压)的确定需综合考虑铸件的壁厚、形状、尺寸、复杂程度以及合金材料、压铸温度和排溢系统等因素。通常是在保证铸件成型和使用要求的前提下,选用较低的比压。选择比压时考虑的主要因素见表 2-34。各种压铸合金常用压射比压见表 2-35。

表 2-34　比压选择的主要考虑因素

因　　素		选择条件说明
铸件结构特性	壁厚	薄壁件压射比压选高些,厚壁件增压比压选高些
	形状复杂程度	复杂件压射比压选高些
	工艺合理性	工艺合理性好,压射比压选低些
合金材料特性	凝固温度范围	凝固温度范围大,增压比压选高些
	流动性	流动性好,压射比压选低些
	密度	密度大,压射比压、增压比压均选高些
	比强度	比强度大,增压比压选高些
浇注系统	流道阻力	流道阻力大,压射比压、增压比压均选高些
	流道散热条件	散热条件好,压射比压选高些
排溢系统	排气道布局	排气道布局合理,压射比压选高些
	排气道截面积	排气道截面积足够大,压射比压、增压比压均选低些
内浇口速度	要求内浇口速度	要求内浇口速度大,压射比压选高些
温度	合金与模具温差	温差大,压射比压选高些

表 2-35　各种压铸合金常用压射比压　　　　　　　　　　单位:MPa

压铸件种类	比　　压			
	锌合金	铝合金	镁合金	铜合金
一般件	13~20	30~50	30~50	40~50
受力件	20~30	50~80	50~80	50~80
耐气密性或大平面薄壁件	25~40	80~120	80~100	60~100
电镀件	20~30	—	—	—

2.2.2 速度参数

压铸速度最主要的是指充型(充填)速度,即内浇口速度。充型速度的高低直接影响到压铸件的内部和外观质量。充型速度过高,易使铸件内部气孔率增加,力学性能下降,而且极易引起铸件粘模;充型速度过低则易造成铸件轮廓不清,甚至不能成型。因此充型速度的正确选择极为重要,其原则是:对于厚壁或内部质量要求较高的铸件,应选择较低的充型速度;对于薄壁或表面质量要求高的铸件及复杂铸件,则应选择较高的充型速度。当浇注温度较低、模具材料的导热性能或散热条件较好时,则也应选择较高的充型速度。常用充型速度参见表 2-36 和表 2-37。

表 2-36 常用充型速度 单位:m/s

合金材料	锌合金	铝合金	镁合金	铜合金
充型速度	30~50	20~60	40~90	20~50

表 2-37 推荐的充型速度与铸件平均壁厚的关系

平均壁厚/mm	1	1.5	2	2.5	3	3.5	4	5	6	7	8	9	10
充型速度/(m/s)	46~55	44~53	42~50	40~48	38~46	36~44	34~42	32~40	30~37	28~34	26~32	24~29	22~27

2.2.3 温度参数

温度是压铸工艺的又一个重要参数,它对压铸件质量和压铸模的寿命有着重要的意义。压铸温度包括浇注温度、模具温度、压铸过程中铸件与模具的温度场分布及热循环等。在此仅讨论浇注温度和模具温度。

1. 浇注温度

严格来说,浇注温度是指压室内的金属液通过内浇口进入型腔时的温度,但是为了便于测量和控制,通常是指金属液浇入压室时的温度,并以保温炉内的液态金属温度来表示。浇注温度对铸件的质量有很大的影响。浇注温度过高,合金液吸气量增加,易产生气孔或针孔;合金收缩量增大,铸件容易产生裂纹;易使铸件晶粒粗大,且还易造成黏膜;同时易引起模具过早老化、龟裂。浇注温度过低,合金液流动性差,容易产生冷隔、表面流纹和浇不足等缺陷。因此,浇注温度应与压力、充型速度以及压铸模温度综合考虑。生产实践证明:在压力较高的条件下,应尽量降低浇注温度,甚至可将温度降低至金属液呈黏稠的"粥状"时压铸,这样不仅可以避免产生涡流和卷入空气、降低铸件凝固过程中的体积收缩、减少或消除厚壁处的缩孔和缩松,提高铸件的尺寸精度和内部质量,而且可以降低型腔表面温度的波动幅度,减轻液态金属对型腔的冲蚀,从而延长模具使用寿命。然而对含硅量高的铝合金则不宜在金属液呈"粥状"时压铸,否则硅将以游离态的形式大量析出而存在于铸件内部,使铸件加工性能变坏。根据铸件壁厚和结构复杂程度的不同,各种常用压铸合金的浇注温度可参考表 2-38 选用。

表 2-38　常用压铸合金的浇注温度　　　　　　　　　　　　　　　　　　单位：℃

合　金		铸件壁厚≤3mm		铸件壁厚＞3mm	
		结构简单	结构复杂	结构简单	结构复杂
锌合金	含铝	420～440	430～450	410～430	420～440
	含铜	520～540	530～550	510～530	520～540
铝合金	含硅	610～650	640～700	590～630	610～650
	含铜	620～650	640～720	600～640	620～650
	含镁	640～680	660～700	620～660	640～680
镁合金	—	640～680	660～700	620～660	640～680
铜合金	普通黄铜	850～920	870～950	820～900	850～920
	硅黄铜	870～940	880～970	850～920	870～940

2. 模具温度

模具温度是指压铸模的工作温度,一般以压铸模的表面温度来表示。恰当和稳定的模具温度既是压铸生产优质铸件的必要条件,更是压铸生产高效率、低废品率与长模具寿命的保证。因此,压铸模首先在工作前要预热到一定的温度(一般为 150～200℃)。预热的作用有以下两个方面。①提高模具材料的韧性,减轻高温金属液对模具的"热冲击",降低模具热循环中温度变化幅度,避免热应力过大而使压铸模过早疲劳失效,从而延长模具使用寿命;②有利于涂料涂敷,并避免金属液充型过程中由于模具的急冷而很快失去流动性,造成浇不足、冷隔等缺陷,或者即使成型也因急冷造成线收缩增大,引起铸件产生裂纹或表面粗糙度增加等缺陷。压铸的工作过程也要保持在一定的温度范围内,其作用有:改善型腔的排气条件;避免铸件成型后产生过大的线收缩而引起裂纹和开裂;避免模具因激热而胀裂;减小模具工作时冷热交变的温差幅度,降低热应力而提高模具寿命。在连续生产中,通常情况是压铸模温度不断升高,尤其在压铸高熔点合金时温度升高很快。模温过高容易产生金属液粘模,且铸件冷却缓慢,造成晶粒粗大而影响其力学性能,并易引起顶出变形,甚至还可能出现开模时铸件尚未完全凝固的情况,以及模具运动部件卡死等问题。所以,压铸模的工作温度必须控制在一个恰当的范围内,这也就是模具的最佳工作温度范围。

压铸模工作温度一般可按式(2-2)进行计算,也可按表 2-39 给出的推荐值选用。

$$T_{模} = \frac{1}{3}T_{浇} + \Delta T \tag{2-2}$$

式中：$T_{模}$——压铸模工作温度,℃；

　　　$T_{浇}$——液体金属的浇注温度,℃；

　　　ΔT——温度控制公差(一般取 25℃)。

表 2-39　推荐的模具工作温度

合金材料	锌合金	铝合金	镁合金	铜合金
模具工作温度/℃	180～220	250～310	2600～290	280～350

压铸模预热和工作温度控制的方法很多,实际生产中一般多用煤气、喷灯、电热器或感应加热进行预热,采用模具冷却水系统进行工作温度控制,而最好的方法则是采用模温机(提供循环热油进行预热和模温调节)进行自动模温控制。

2.2.4　时间参数

1. 充型时间(充填时间)

充型时间是指压铸过程中液体金属自内浇口开始进入型腔到充满型腔所需的时间。充型时间是一个非常关键的参数,是进行压铸工艺、压铸模具设计及压铸机选用的基础。总体上来说,充型时间短,铸件薄壁部分或金属液流最远端不易发生早期凝固,有利于避免铸件欠铸(俗称缺肉、浇不足)或冷隔缺陷,且表面质量、轮廓清晰度较佳。但充型时间短不利于型腔中气体的排出,还因液流速度高而易引起型腔磨损加剧。充型时间长,则液流速度低而平稳,便于空气与涂料蒸气的排逸,避免金属液卷气或憋气,有利于获得成型良好、组织致密的铸件。需要注意的是,充型时间的长与短只是相对的,而不是绝对的,最佳充型时间随铸件的体积、壁厚、形状以及模具结构和工艺条件的不同而异。表 2-40 给出了推荐的充型时间与铸件平均壁厚的关系,其中平均壁厚按式(2-3)计算。D. Bennet 公司推荐的充型时间见表 2-41。

表 2-40　充型时间与铸件平均壁厚的关系

铸件平均壁厚 s/mm	1.0	1.5	2.0	2.5	3.0	3.5	4.0	5.0	6.0	7.0	8.0	9.0	10.0
充型时间 t/s	0.010~0.014	0.014~0.020	0.018~0.026	0.022~0.032	0.028~0.040	0.034~0.050	0.040~0.060	0.048~0.072	0.056~0.084	0.066~0.100	0.076~0.116	0.088~0.138	0.100~0.160

$$s = (s_1 A_1 + s_2 A_2 + \cdots + s_n A_n) \div (A_1 + A_2 + \cdots + A_n) \qquad (2\text{-}3)$$

式中:s——铸件平均壁厚,mm;

$\quad\quad s_i$——铸件 i 部位的壁厚,mm($i=1,2,\cdots,n$);

$\quad\quad A_i$——铸件 i 部位的面积,mm^2($i=1,2,\cdots,n$)。

表 2-41　充型时间推荐值(源自 D. Bennet 公司)

铸件平均壁厚 s/mm	1.5	1.8	2.0	2.3	2.5	3.0	3.8	5.0	6.4
充型时间 t/s	0.01~0.03	0.02~0.04	0.02~0.06	0.03~0.07	0.04~0.09	0.05~0.10	0.05~0.12	0.06~0.20	0.08~0.30

2. 增压建压时间

增压建压时间是指在充型结束(液态金属充满整个型腔)的瞬间,由增压器开始工作至压力达到压实压力的时间。增压建压时间是由压铸机来保证的,现代压铸机的增压建压时间一般为 0.02～0.04s,可以根据需要进行调节(如图 2-14 所示),最短已可达到 0.007s。

3. 保压时间

保压时间是指熔融合金充满型腔的瞬间,使熔融金属在增压比压的作用下凝固的这一段时间。其作用是使型腔中的液态金属在压实压力(增压压力)的持续作用下完成凝固,从而获得组织致密的铸件。保压时间不足容易造成疏松,尤其是如果内浇口处金属尚未完全凝固,将造成压射冲头退回时金属液被反吸出来而产生铸件内部孔洞缺陷。但保压时间过长,既无必要又影响生产效率,并且对立式压铸机还易带来余料切除困

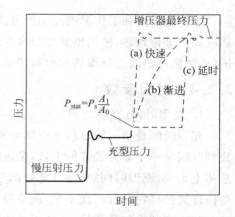

图 2-14　可调增压建压时间示意图

难的问题。保压时间的长短取决于铸件的材质、壁厚及模具温度等因素。对凝固温度范围宽、潜热大、壁厚的铸件保压时间应长些,反之亦然。如果模温较高,保压时间要相应长些;反之则可相应短些。表 2-42 给出了常用的保压时间。

表 2-42　常用保压时间　　　　　　　　　　　　　　单位:s

合金	保 压 时 间		合金	保 压 时 间	
	铸件壁厚<2.5mm	铸件壁厚2.5～6.0mm		铸件壁厚<2.5mm	铸件壁厚2.5～6.0mm
锌合金	1～2	3～7	镁合金	1～2	3～8
铝合金	1～2	3～8	铜合金	2～3	5～10

4. 留模时间

留模时间是指保压结束到开模取件的这一段时间。其作用是使凝固成型后的铸件在模具内进一步冷却,以获得足够的强度和刚度,从而在开模顶出铸件时不会发生变形、开裂等问题,并保证应有的尺寸精度。留模时间的长短与铸件的材质、结构、大小、壁厚以及模具温度和余料厚度等因素有关。若留模时间过短,铸件强度和刚度不够,顶出时易引起变形、拉裂、表面起泡等缺陷。但留模时间过长,则因铸件收缩量增加而形成的抱型力加大,造成抽芯、顶出困难,易引起顶出铸件时发生变形、开裂,同时还影响压铸生产效率。常用留模时间见表 2-43。对于在热室压铸机上生产薄壁件(小于 3mm),则留模时间应再短些。

表 2-43　常用留模时间　　　　　　　　　　　　　　单位:s

合金	留 模 时 间		
	铸件壁厚<3mm	铸件壁厚3～4mm	铸件壁厚>5mm
锌合金	5～10	7～12	20～25
铝合金	7～12	10～15	25～30
镁合金	7～12	10～15	15～25
铜合金	8～15	15～20	25～30

2.3　压铸涂料

压铸生产过程中,压铸模具连续循环地受到金属液流的高温、高压、高速冲刷,而使用涂料能减弱金属液流对压铸模成型表面(型腔表面、型芯表面)的冲蚀,避免金属液粘模,保证铸件顺利脱模。正确、合理选用与喷涂压铸涂料是保证铸件质量、延长模具寿命、提高生产效率的一个重要环节。

2.3.1　压铸涂料的作用

压铸涂料的主要作用如下。

(1)避免金属液流直接冲刷模具成型表面,避免模具激热,适当降低模具最高温度,有助于模具温度控制,改善模具工作条件,延长模具服役寿命。

(2)改变模具的传热(导热)条件,防止金属液激冷,从而提高液态金属充型能力,保证铸件成型良好、表面光洁。

(3)避免金属液粘模,减少铸件与模具成型表面(尤其是型芯)间的摩擦,降低铸件顶出阻力,保证铸件顺利脱模,防止铸件顶出变形、开裂。

(4)对模具和压铸机活动部件(推杆、复位杆、滑块、冲头等)进行润滑,减少活动部件的摩擦与磨损。

2.3.2　对压铸涂料的要求

压铸涂料应满足以下性能和要求。

(1)涂覆性好,对模具和铸件没有腐蚀性,且不会在型腔表面产生积垢。

(2)高温状态下既能保持良好的润滑性,又不会析出或分解出有毒有害气体。

(3)挥发点低,性质稳定。常温下稀释剂挥发慢,存放期长;在 $100 \sim 150 ℃$ 时,稀释剂能很快挥发,不增加型腔内的气体量。

(4)配制工艺简单,材料来源丰富,价格低廉。

2.3.3　常用压铸涂料与使用

1. 常用压铸涂料

压铸涂料的种类繁多,根据其功能可分为脱模剂和润滑剂,根据其溶剂则可分为水基涂料和油基涂料。常用的压铸涂料及配制方法见表2-44。

表 2-44　常用压铸涂料与配制方法

序号	材料	配比(质量分数)/%	配制方法	适用范围
1	胶体石墨(油基)		成品	冲头、压室和易咬合部分
2	胶体石墨(水基)		成品	铝合金
3	天然蜂蜡或石蜡		成品	各种压铸合金;型腔、流道
4	30# 锭子油 40# 锭子油		成品	锌合金润滑

序号	材　料	配比(质量分数)/%	配　制　方　法	适　用　范　围
5	聚乙烯	3～5	将聚乙烯小块泡在煤油中,加热至80℃左右熔化而成	铝合金、镁合金
	煤油	97～95		
6	氧化锌	5	将水和水玻璃一起搅拌,然后加入氧化锌搅匀	大、中型铝合金、锌合金铸件
	水玻璃	1.2		
	水	93.8		
7	硅橡胶	3～5	将硅橡胶溶于汽油中,使用时加入1%～3%铝粉	用于铝合金,要求表面光洁
	铝粉	1～3		
	汽油	余量		
8	氟化钠	3～5	将水加热至70～80℃,加入氟化钠,搅拌均匀	铝合金,防粘模效果好
	水	97～95		
9	石墨	5～10	将石墨研磨过筛(200#),加入40℃左右的机油中搅拌均匀	铝合金;冲头、压室及活动部件
	机油	95～90		
10	二硫化钼	30	将蜡加温熔化,加入二硫化钼,搅拌后做成笔状	铜合金
	蜂蜡	70		
11	二硫化钼	5	将二硫化钼加入机油中搅拌均匀	镁合金
	机油	95		
12	无水肥皂	0.65～0.70	将无水肥皂溶于水中,加入粒度为1～3μm的滑石粉,搅拌均匀	铝合金
	滑石粉	0.18		
	水	余量		
13	叶蜡石	10	将叶蜡石经800℃焙烧2h后过200#筛,用酒精二硫化钼稀释,然后将全部材料加入水中搅拌均匀	黑色金属
	二硫化钼	5		
	硅酸乙酯	5		
	高锰酸钾	0.1		
	酒精	5		
	水	余量		
14	黄血盐		成品	铜合金清洗剂

2. 压铸涂料使用

正确、合理使用涂料是有效发挥涂料作用的关键,否则将适得其反。

(1) 涂料用量

使用涂料应特别注意用量,无论喷涂还是刷涂都要做到均匀,避免涂层过厚与厚薄不匀。采用喷涂时,要注意控制涂料浓度。而刷涂时,刷后要用压缩空气吹匀。

(2) 模具温度

模具温度是影响涂料涂覆质量的重要因素,如图 2-15 所示。若模温太高(>398℃),喷或刷到模具表面上的涂料被瞬间汽化蒸发而形成反弹,无法润湿模具表面并成膜;若模温太低(<150℃),喷或刷到模具表面上的涂料达不到水的汽化温度,涂料中的水分无法蒸发,从而导致涂料在模具表面流淌,也就不能均匀成膜,并且涂料中的水分还易造成铸件产生气孔缺陷。适宜的模具温度范围为 180～280℃,在此温度范围内,涂料能够很好地润湿模具表面,且水分能够迅速蒸发,从而形成均匀良好的涂层薄膜。

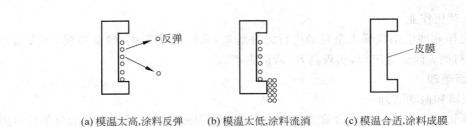

(a) 模温太高,涂料反弹　　(b) 模温太低,涂料流淌　　(c) 模温合适,涂料成膜

图 2-15　模温对涂料涂覆质量的影响示意图

（3）喷涂距离与喷涂时间

为了保证涂料在模具表面均匀成膜,除了涂料要雾化超细、分散均匀、附着力强以外,同时要优化喷涂距离和喷涂时间。喷涂距离过小,涂料液流冲击力大,易造成反弹而不易成膜;若喷涂距离过大,雾状涂料将融合成大液滴,造成流淌,也不易均匀成膜。理想的喷射距离为 100～200mm。喷涂时间在 0.1～2.0s,确保形成足够厚的涂料层。喷涂时间过短则涂层太薄,喷涂时间过长则涂层太厚,且易造成模温过低。

（4）挥发时间

喷或刷涂料后,需等候一定的时间,待涂料中水分或稀释剂基本完全挥发后才能合模浇注。否则,气体将大量积聚在型腔或压室内,极易使铸件产生气孔与针孔缺陷,甚至可能形成很高的反压,造成铸件成型不良。

（5）残留物清理

开模取件后,喷或刷涂料前,应先清理模具型腔、流道和排气道,排除涂料残留物,以免残留物沉积而影响铸件质量。

2.4　压铸件后处理

压铸件后处理包括压铸件的清整（清理与整形）、表面处理、热处理及浸渗处理等。

2.4.1　压铸件的清整

压铸件的清整工作包括浇注系统、排溢系统、飞边与毛刺去除;铸件表面清理（清除流痕、涂料、获得均匀的表面粗糙度以及修整去除工作后留下的痕迹）;整形处理等。压铸件的清理工作是比较繁重的,其工作量往往是压铸工作量的几倍乃至十几倍,所以压铸件清理工作实现机械化和自动化是非常必要的。

1. 浇注系统、排溢系统、飞边与毛刺的去除

（1）手工作业

手工作业即采用木槌、钳子、锉刀等工具进行手工去除工作。优点是简单、方便;缺点是切口不整齐规则,易损伤铸件和造成铸件变形。手工作业不适宜厚浇口件、大型件与复杂件。

（2）机械作业

机械作业是使用切边机、锯床（带锯机）、冲床、液压机、摩擦压力机等机械设备进行去除工作。优点是切口整齐规则、不易损伤铸件、工作效率较高。

（3）自动化作业

自动化作业即应用机器人全自动进行铸件清理，去除浇注系统、排溢系统、飞边与毛刺，并完成打磨、修整等工作，实现高效、清洁生产。

2. 表面清理

（1）滚筒和振动清理

一般压铸件大多采用清理滚筒或振动清理机进行表面清理。对小批量的简单件可用多角清理滚筒清理；对大批量生产的铸件可用螺壳式振动清理机清理。如果铸件有较高的表面质量要求，则清理后还可进行研磨或抛光处理。

（2）抛丸清理

抛丸清理的作用是去除铸件表面氧化皮、杂质、毛刺等；进行表面毛化、表面精整、表面强化等。其原理是：弹丸在抛丸轮的作用下以极高的速度射向铸件，如图 2-16 所示，利用弹丸的冲击力和摩擦力去除铸件表面氧化皮、杂质、毛刺等。同时，铸件表面被弹丸高速撞击后产生微量塑性变形而呈现残余压应力状态，从而提高铸件表面强度、抗疲劳强度和抗腐蚀能力，达到清理和强化的目的。

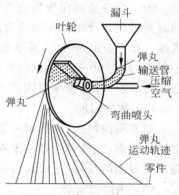

图 2-16   抛丸机工作示意图

（3）喷砂清理

喷砂处理与抛丸处理的作用和原理类似。二者的区别在于喷砂处理是利用干燥洁净的压缩空气将石英砂流高速喷射到铸件表面来对铸件进行清理。

（4）研磨与抛光

采用研磨机、抛光机等设备与研磨石、研磨膏、抛光液及水等材料，对铸件表面进行研磨或抛光，以消除铸件清理后残留的痕迹或得到光洁一致的表面质量。

3. 整形处理

整形处理就是校正铸件的变形。凡是铸件发生变形（收缩变形、顶出变形或清理过程造成变形等）且超出允许的公差范围，都需要进行整形校正。整形校正可分成热校正和冷校正两种。

（1）热校正

将变形的压铸件加热到退火温度，然后用专用的校正模具或工、夹具进行手工或机械校正。

（2）冷校正

采用专用的校正模具或工、夹具在室温下对变形的压铸件进行手工或机械校正。

2.4.2 压铸件的表面处理

表面处理的目的是提高压铸件的表面耐蚀性和美观性。

1. 常用表面处理方法

表面处理的方法很多，最常用的有以下几种。

（1）电镀。电镀的目的是使铸件美观，并提高铸件的耐蚀性。最常用的镀层材料有镍、锡、铜、金、银等。需电镀的压铸件应保证良好的表面质量，不能有疏松、裂纹、气孔、气泡、针孔、缩孔等缺陷，否则极易造成电镀时铸件表面起泡，镀层与基体脱离。

（2）上漆。上漆用于铸件装饰、防护或标志。通过上漆还可隐藏铸件表面微小缺陷，增加或减小表面摩擦。

（3）静电喷涂。静电喷涂为铸件提供保护层，得到耐蚀性良好、光滑、美观的表面。

（4）钝化处理。对铸件进行铬酸盐处理，使铸件表面生成一层坚韧的钝化膜，可提高铸件的耐蚀性，且表面美观，也更容易上漆或着色。

2. 常用压铸合金表面处理

压铸件的表面处理方法主要根据铸件的性能与使用要求来选择。

（1）锌合金铸件的常用表面处理主要有钝化处理、电镀、涂漆、环氧涂层、静电喷涂、阳极氧化等。

（2）铝合金铸件。铝合金铸件表面的氧化膜有耐蚀作用，一般情况下不用表面处理。需要提高其装饰效果、耐蚀性或其他特殊性能时，表面处理主要有涂漆、着色、上珐琅、电镀、阳极氧化等。

（3）镁合金铸件。镁合金很容易在空气中氧化，故镁合金压铸件均需进行表面处理，以提高其耐蚀性和外观质量。镁合金铸件的常用表面处理主要有钝化处理、阳极氧化、喷涂处理、电镀、硬化阳极处理等。

（4）铜合金铸件。铜合金铸件表面处理通常是为了美观和装饰效果，各种表面处理方法都可用，其中电镀效果最好。

2.4.3　压铸件的热处理

压铸件热处理一般仅为退火和时效处理，其目的是消除铸件内的应力，稳定铸件形状与尺寸，提高铸件力学性能。常用合金的退火和时效处理规范见表 2-45。

表 2-45　压铸合金退火与时效处理规范

合　　金	处理方法	处理温度/℃	保温时间/h	干燥 温度/℃	干燥 时间/h	干燥
锌合金	时效	95±5	2.5～3.0	—	—	空冷
铝合金	时效	175±5	2.0～3.0	—	—	空冷
镁合金	时效	150～190	3.0～5.0	—	—	随炉冷
铜合金	退火	250～300	1.5～2.5	—	—	空冷
各种合金	负温时效	−50～−60	2(<2kg) 3(>3kg)	50～60	2～3	空冷

2.4.4　压铸件的浸渗处理

压铸件常见的问题是铸件内部或多或少地存在一些气孔、针孔、缩孔、缩松等缺陷，从而影响其耐压性和气密性。当压铸件不能满足耐压和气密性要求时，如果技术要求允许，则浸渗处理不失为一种有效而经济的补救措施。浸渗处理方法有真空浸渗、压力浸渗和真空压力浸渗。其原理就是在真空或压力作用下，使浸渗剂渗入铸件微细孔洞（隙）中，经固化后即封堵住空隙，达到密封的目的。

常用的浸渗处理方法是真空加压法。其处理工艺是：将压铸件洗净、烘干，装入浸渗罐并抽真空(真空度＞80kPa)，如图 2-17 所示；将预热到 50～70℃的液态浸渗剂吸入浸渗罐至压铸件被完全覆盖，关闭阀门并加压至 0.5～1.0MPa；保持 10～15min 后除去浸渗液，取出铸件并清洗干净，然后经 8～24h 干燥即成。

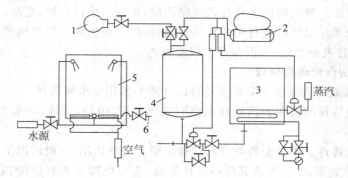

图 2-17　真空加压浸渗装置示意图

1—真空泵；2—空气压缩机；3—浸渗剂储存罐；4—浸渗罐；5—清洗罐；6—排水口

2.5　压铸新工艺技术

本节介绍的压铸新工艺技术主要是半固态压铸，真空压铸，充氧压铸，精、速、密压铸和黑色金属压铸。

2.5.1　半固态压铸

所谓半固态压铸，就是对冷凝过程中的金属液施以强烈搅拌或扰动、或改变金属的热状态、或加入晶粒细化剂、或进行快速凝固，以改变初生固相的形核和长大过程，从而得到合金液中均匀悬浮着一定量的球状初生固相的固—液混合浆料——半固态合金浆料，然后采用这种半固态合金进行压铸。

1. 半固态压铸工艺

半固态压铸工艺方法主要有两种：流变压铸和触变压铸，如图 2-18 所示。

(1) 流变压铸法。该方法是将制成的半固态合金浆料直接进行压铸的方法。由于半固态合金浆料储存与运输不甚方便，故此法在实际生产中应用很少。

(2) 触变压铸法。此法是先将半固态合金浆料进一步凝固成合金锭，通常称为半固态合金坯料。然后在压铸时将半固态合金坯料重新加热到固—液两相区温度后进行压铸。因为半固态合金坯料的储备、运输、加热都很方便，且易实现自动化操作，因此触变压铸是目前半固态压铸的主要工艺方法。

2. 半固态压铸特点

半固态合金与液态合金相比，具有一半左右的固相，而与固态合金相比，又含有一半左右的液相，且固相为非枝晶态。所以，半固态压铸相比于普通液态合金压铸具有很多优点。

(1) 在重力状态下，重熔加热后的半固态合金坯料的黏度很高，犹如软固体样，可以方便地进行机械搬运。而在高速剪切力作用下，其黏度又迅速降低，便于成型。

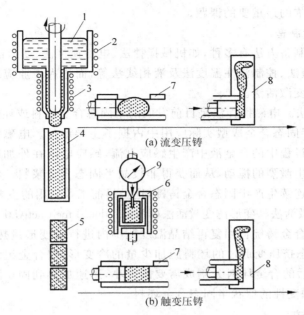

图 2-18 半流态压铸示意图

1—压铸合金;2—感应加热器;3—冷却器;4—流变铸锭;5—半固态合金坯料;
6—坯料加热装置;7—压室;8—压铸模;9—软度计

(2) 模具热冲击强度降低,服役寿命提高。半固态合金浆料的温度与热容量(包括潜热)远低于液态金属的温度与热容量,因而压铸时模具、压室和冲头受到的热冲击强度大大降低,服役寿命提高。

(3) 铸件组织致密,质量提高。半固态合金黏度虽大,但具有很好的流变性和触变性,因而在压力的作用下呈现良好的流动性,压铸时流速低,无喷溅、紊流,不会卷入气体,且收缩量小。所以半固态压铸件不易出现缩孔、缩松缺陷,内部组织致密,铸件质量提高。

(4) 经济节能,生产率高。半固态合金坯料容易实现精确计量压射合金的质量,同时还可取消通常所需的保温炉。这既节约材料和能量,又改善工作环境,并且半固态合金凝固时间短,压铸循环加快,使生产效率提高。

然而,半固态合金触变成型尚存在以下五大工艺难题。

(1) 传统的电磁搅拌功率大、能耗高、效率低,制备半固态合金坯料的成本高,一般制备坯料要额外高出约 40% 的费用。

(2) 传统电磁感应重熔加热半固态坯料的能耗高,坯料表面氧化严重,且加热时总会流失部分金属,流失金属约占坯料质量的 5%～12%。

(3) 半固态合金坯料的液相分数不能太高,成型非常复杂的零件较困难,否则,半固态坯料的搬运难以实现。

(4) 坯料的锯屑、重熔加热时流失的金属、浇注系统与废品等不能回用,必须返回半固态合金坯料制备车间或工厂重新处理,使生产成本增加。

(5) 半固态合金触变成型工艺流程长,零件成本高。降低生产成本成为当今半固态成型技术应用所面临的最重要的课题。

3. 半固态合金制备

半固态合金的制备方法有多种,如机械搅拌法、电磁搅拌法、变形诱变激活法、超声振动搅拌法、喷射铸造法、控制浇注温度法及液相线法等,而进入工业应用的目前主要是电磁搅拌法和变形诱变激活法。

(1)电磁搅拌法。电磁搅拌法是目前发明的半固态合金浆料或坯料制备方法中最成功的一种方法,在半固态合金成型实际应用中占据了主导地位。电磁搅拌法的要点是利用电磁感应在冷凝过程中的合金液中产生感应电流,感应电流在外加磁场的作用下使得液—固两相合金产生激烈的搅动,从而获得非枝晶半固态合金浆料。将电磁搅拌法与连铸技术相结合可以连续生产半固态合金铸锭,这是目前工业应用的主要方法。

(2)变形诱变激活法。变形诱变激活法(strain-induced melt activation process,SIMAP)的要点是先将普通合金铸锭在回复再结晶温度范围内进行大变形量热态挤压,破碎其铸态组织;然后对热态挤压变形过的坯料施加少量的冷变形,使合金组织中储存部分变形能量;最后将变形后的合金坯料分割成需要的大小,迅速加热到固—液两相区并适当保温,即可获得具有触变性的球状半固态合金坯料。

2.5.2 真空压铸

真空压铸是在压铸模型腔内建立一定的真空度后进行压铸的一种工艺方法,其真空度一般在 $50\sim80kPa$ 范围内。

1. 真空压铸工艺

真空压铸装置如图 2-19 所示。真空压铸工艺方法主要有两种形式。

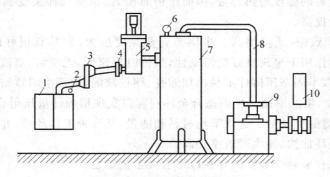

图 2-19 真空压铸装置示意图

1—压铸模;2—真空表;3—过滤器;4—接头;5—真空阀;

6—电真空表;7—真空罐;8—真空管道;9—真空泵;10—电动机

(1)采用真空罩封闭整个压铸模。如图 2-20 所示,合模时真空罩将整个压铸模封闭,液态金属浇入压室后,利用压射冲头将压室密封,然后打开真空阀,将真空罩内空气抽出,待真空度达到要求时即可进行压铸。此法每次抽气量较大,且不适于有液压抽芯机构的模具。

(2)借助分型面抽真空。此法是将压铸模排气槽通入截面积较大的总排气槽,总排气槽则与真空系统连接,如图 2-21 所示。压铸时,当压射冲头封住浇口时,行程开关 6 自

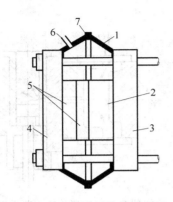

图 2-20 真空罩装置示意图

1—真空罩；2—定模座；3—动模架；4—定模架；
5—压铸模；6—接真空阀通道；7—弹簧垫衬

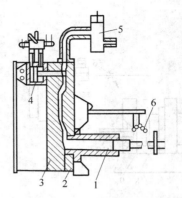

图 2-21 由分型面抽真空示意图

1—压室；2—定模；3—动模；4—液压缸；
5—真空阀；6—行程开关

动打开真空阀 5 抽真空，真空度达到要求时即进行压铸。液压缸 4 的作用是将总排气槽关闭，防止合金液进入真空系统。这一方法简单易行，抽气量较少，且模具制作和维护方便。

2. 真空压铸特点

（1）铸件气孔缺陷消除或显著减少，组织致密度提高，力学性能增强，表面质量改善。

（2）铸件可进行热处理，从而获得更好的显微组织和力学性能。

（3）充型反压显著降低，可压铸的铸件壁厚更小。例如，普通压铸锌合金时，铸件平均壁厚为 1.5mm，最小壁厚为 0.8mm；而真空压铸锌合金时，则铸件平均壁厚可为 0.8mm，最小壁厚可为 0.5mm。

（4）可适当减小浇注系统和排溢系统，节约合金材料。

（5）密封结构较复杂，制造安装较困难，成本较高。

2.5.3 充氧压铸

充氧压铸（也叫做加氧压铸）是将干燥的氧气充入压室和模具型腔取代其中的空气与其他气体后进行压铸的一种工艺方法。充氧压铸一般仅应用于铝合金，其工艺原理是基于铝合金压铸时，铝与氧气发生以下反应：

$$4Al + 3O_2 = 2Al_2O_3 \tag{2-4}$$

从而消除或大大减少气孔，提高铸件组织的致密度。反应生成的 Al_2O_3 颗粒（粒径 ＜ $1\mu m$）弥散分布在铸件内部，既不影响铸件的力学性能，也不影响铸件的机加工性能。

1. 充氧压铸工艺

充氧压铸装置如图 2-22 所示。充氧压铸工艺如图 2-23 所示。合模过程中，当动模、定模之间达到一定间距时开始充氧，合模完毕后需继续充氧一定时间，然后关闭氧气进行压铸。采用充氧压铸工艺应特别注意浇注系统和排气系统的合理设计，避免产生氧气孔。

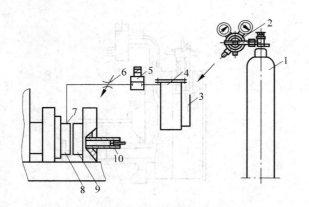 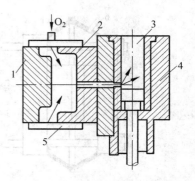

图 2-22　充氧压铸装置示意图　　　　　　图 2-23　充氧压铸工艺示意图
1—氧气瓶；2—氧气表；3—氧气软管；4—干燥器；5—电磁阀；　　1—动模；2—定模；3—压室；
6—节流阀；7—接嘴；8—动模；9—定模；10—压射冲头　　　4—反料活塞；5—分配器

充氧压铸工艺参数对铸件质量影响很大，应予严格控制。

（1）充氧时间。充氧开始时间视压铸件大小及复杂程度而定，一般在动模、定模相距3~5mm 时开始充氧，略停 1~2s 再合模。合模后要继续充氧一定时间。

（2）充氧压力。充氧压力一般为 0.4~0.7MPa，充氧结束后应立即压铸。

（3）模具温度。模具预热温度应略高一些，一般为 250℃，以使涂料中的气体尽快挥发排除。

2. 充氧压铸特点

（1）铸件气孔缺陷消除或显著减少，组织致密度提高，力学性能增强。铝合金充氧压铸件比普通压铸件铸态强度可提高 10%，伸长率增加 0.5~1 倍。

（2）铸件可以进行热处理，提高力学性能。热处理后强度能提高30%以上，屈服极限增加 100%，冲击韧性也有显著提高。

（3）铸件可在 200~300℃的环境中工作。

（4）充氧压铸对合金成分烧损甚微，铸件密度有所提高。

（5）充氧压铸与真空压铸相比，结构简单，操作方便，投资少。

2.5.4　精、速、密压铸

精、速、密压铸（Acurad，ARD）是精确（Accurate）、迅速（Rapid）、致密（Dense）压铸的简称。

1. 精、速、密压铸工艺

精、速、密压铸工艺的关键在于其采用的压铸机具有一套内、外压射冲头组成的双冲头压射系统，即比普通压铸机多了一个内压射冲头机构。压射开始时，内、外两个压射冲头同时推进进行压射。充填完毕后，根据需要延迟一定时间，随即内压射冲头继续推进，对铸件进行补充压实，如图 2-24 所示。故此精、速、密压铸也称为双冲头压铸。

2. 精、速、密压铸特点

（1）厚内浇口。精、速、密压铸内浇口厚度要大于普通压铸，其内浇口截面积平均为普通压铸的 10 倍左右，以保证在内压射冲头推进时尚未完全凝固，从而起到压实作用。

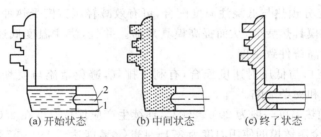

图 2-24　精、速、密压铸工艺示意图
1—外压射冲头（大冲头）；2—内压射冲头（小冲头）

（2）低压射速度。压射速度低可使金属液平稳地从内浇口进入型腔，无紊流和喷溅，并自下而上充填型腔，使气体全部顺利排出，避免产生气孔。

（3）模具顺序冷却。控制模具冷却顺序，使铸件按顺序凝固方式进行凝固，有利补缩，防止缩孔、缩松。

（4）双冲头压射。内压射冲头将直流道尚未凝固的金属液压入顺序冷却的压铸模内，达到辅助压实效果。

以上精、速、密压铸工艺的四大特点，或者说四大特征，实际上也就是精、速、密压铸工艺的四大影响因素。当且仅当这四大因素互相适当配合作用时，才能取得最佳的效果。

2.5.5　黑色合金压铸

近年来随着模具材料的发展，黑色合金压铸进展较快，已能压铸铸铁（灰铁、可锻铸铁、球墨铸铁）、碳钢、不锈钢和合金钢等黑色合金。但是，由于黑色合金较有色金属熔点高很多，且凝固温度范围小，冷却速度快，因此压铸黑色合金时压射机构和压铸模的工作条件恶劣，从而压射机构和压铸模的寿命较低。同时，黑色合金在液态下长时间保温极易氧化，这又带来了工艺上的问题。由此，寻求新的压铸模材料，改进压铸工艺也就成为发展黑色合金压铸的关键。

目前，用于黑色合金压铸的模具材料主要是高熔点的钼基与钨基耐热合金。虽然钼基合金和钨基合金价格比较昂贵，但其线胀系数小（仅为普通压铸模具材料的 1/3），热导率大（为普通压铸模具材料的 4 倍），在压铸温度范围内不发生相变，具有良好的抗热疲劳性能，模具使用寿命较长，所以综合经济指标还是比较合理的。表 2-46 所示为两种常用耐热合金的化学成分。

表 2-46　两种常用耐热合金的化学成分　　　　　单位：%

耐热合金	化学成分（质量分数）					
	Ti	Zr	Mo	Ni	Fe	W
钼基合金	0.5~1.5	0.08~0.5	余量	—	—	—
钨基合金	—	—	4	4	2	余量

1. 黑色合金压铸工艺特点

黑色合金压铸的工艺特点是低温、低速、厚大内浇口，且压铸模充分预热，需尽早取出铸件。

（1）压铸模充分预热与低浇注温度配合,可有效减轻压铸模受热冲击的程度,降低模具最高温度,避免模具热疲劳,从而提高模具寿命。并且,浇注温度低还可减少合金的凝固收缩,有利于提高铸件致密度。

（2）厚大内浇口与低压射速度配合,有利于排气,避免紊流与喷溅,减少卷入气体和氧化物,防止气孔和夹杂缺陷。

（3）压铸模预热温度一般为 200～250℃,连续生产应保持温度在 250～300℃。有资料介绍,国外钼基合金压铸模的使用温度为 371～436℃,若能达到 480～578℃则效果更好。

（4）浇注温度,通常对铸铁为 1200～1250℃;中碳钢为 1440～1460℃;合金钢为 1550～1560℃。铸件出模温度为 760℃左右。

（5）压射冲头速度一般为 0.12～0.24m/s。

2. 黑色合金压铸用涂料

黑色合金压铸用涂料可根据表 2-47 选取。也可采用一号水基胶体石墨,其成分为石墨粉 21%,其余为水。涂料的灰分应在 2%以下。需要注意的是,涂料应加热后喷涂,以防模具降温速度过快,降温幅度过大。并且涂料层不宜太厚,以免影响铸件表面质量。

表 2-47　黑色合金压铸涂料　　　　　　　　　　单位:%

序号	成分(质量分数)						用　　途
	石英粉	氧化铝粉	石墨粉	水玻璃	高锰酸钾	水	
1	15	—	5	5	0.1	余量	浇注温度<1500℃
2	—	15	5	5	0.1	余量	浇注温度>1500℃
备注	800℃烘烤 2h 后过 270# 筛	1200℃烘烤 2h 后过 270# 筛					

思考题

1. 为什么要进行压铸件工艺设计(压铸件基本结构设计)？压铸件工艺设计的内容是什么？

2. 对结构复杂的薄壁压铸件如何控制工艺参数？

3. 压铸工艺(规范)的作用是什么？压铸工艺参数有哪些？

4. 压铸温度规范包括哪几个主要参数？它们对铸件质量及压铸模寿命有什么影响？

5. 为什么要对压铸模进行预热？为什么有时又要加强冷却？

6. 什么是保压时间？保压时间与凝固时间有什么关系？

7. 压铸涂料的作用是什么？对压铸涂料有哪些要求？

8. 模温对涂料涂覆质量有何影响？

9. 普通压铸件不能进行热处理的原因何在？

10. 精、速、密压铸工艺的四大影响因素是什么？

11. 半固态压铸与普通压铸相比具有哪些特点？

第 3 章

常用压铸合金

压铸生产中,常用的合金材料为铝合金、锌合金、镁合金和铜合金等有色合金。近年来,黑色合金特别是不锈钢的压铸已有一定的进展,但国内仍处于初始阶段,用于工业生产者尚少。最早用于压铸的铅、锡合金由于对环境的污染等问题,现在仅用于个别场合。

3.1 压铸合金的工艺性能要求

要生产优质、经济的压铸件,除了要有合理的铸件结构和形状,设计合理、制造完善的压铸模和工艺性能良好的压铸机之外,还要有性能良好的合金材料。

合金材料的性能包含使用性能和工艺性能两个方面。使用性能是相对于使用要求而言的性能,如物理、化学、力学性能等,这与零件的使用场合和工况条件有关。而工艺性能则是相对于工艺要求而言的性能,这与零件的制造工艺方法有关。对压铸来说,根据压铸工艺特点,用于压铸的合金应具有以下性质。

（1）高温下有足够的强度和可塑性,无热脆性（或热脆性小）。

（2）尽可能小的裂纹倾向,避免压铸件产生裂纹。

（3）线收缩率小,保证压铸件尺寸精度。

（4）凝固温度范围小,有利于防止和减少压铸件的缩孔（松）缺陷。

（5）流动性好,在过热温度不高时有足够的流动性,便于填充复杂型腔,以获得表面质量良好的压铸件。

（6）良好的物理、化学性能,与型壁发生物理—化学作用的倾向小,可减少粘模和相互合金化。

以上是从压铸工艺要求的角度对压铸合金性能的基本要求。在选用压铸合金时,除了某些有特殊性能要求的压铸件外,应首选符合国家标准的合金材料,并且压铸合金的可回收性和生产过程的环保问题现在也是应该特别予以注意的。

3.2 常用压铸合金及其主要性能

3.2.1 压铸合金分类及主要性能

1. 压铸合金的分类

压铸合金分为有色合金(也称为非铁合金)和黑色合金。目前广泛应用的是有色合金,其分类如图 3-1 所示。

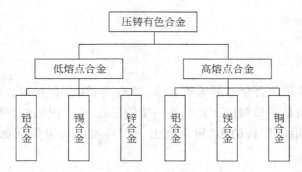

图 3-1　压铸有色合金分类

2. 压铸合金的性能

各种压铸合金相对性能比较见表 3-1。

表 3-1　各种压铸合金相对性能比较

合金		锌合金	铝合金	镁合金	铜合金	铸钢
物理化学性能	熔化温度	5	3	3	2	1
	密度	3	4	5	2	2
	导电性	3	5	3	1	—
	导热性	3	1	2	4	—
	抗蚀性	3	4	2	4	—
力学性能	抗拉强度	3	2	2	4	5
	屈服强度	2	3	2	4	5
	断后伸长率	3	2	2	5	5
	冲击韧度	3	2	2	5	5
铸造性能	流动性	5	1	4	3	—
	裂纹倾向	5	4	3	4	3
	粘模倾向	5	3	5	4	—
	最小壁厚	5	4	4	3	—

注:表内数字表示 1—不好;2—较差;3—尚可;4—较好;5—好。

3.2.2　常用压铸合金

1. 压铸锌合金

锌合金的压铸性能很好。其熔点低,凝固温度范围小,易于充填成型,缩孔(松)倾向小,可以压铸形状复杂、薄壁的精密件,铸件表面光滑,尺寸精度高;浇注温度较低,模具使用寿命较长;不易粘模,不腐蚀模具。而且,锌合金的常温力学性能也较高,特别是抗压和耐磨性都很好。此外,锌合金铸件能够很好地接受各种表面处理,如电镀、喷涂、喷漆等,故在压铸发展史中,锌合金压铸占有相当重要的地位。

锌合金最严重的缺点是老化现象,这是锌合金的应用范围受到限制的主要原因。锌合金的老化现象表现为体积涨大,强度降低。特别是塑性的降低尤为显著,时间过长会使铸件变形,甚至导致铸件的完全碎裂。老化现象产生的主要原因是铅、锡、镉等杂质在锌中溶解度过小(铅在锌中溶解度低于 0.0019%,锡低于 0.05%,镉也低于 0.25%),从而使这些杂质集中于晶界,造成晶间电化学腐蚀。因此,锌合金压铸不但对锌合金原材料的纯度要求很高,而且对熔炼工艺的要求也十分严格。同时,锌合金的工作温度范围较窄,温度低于 0℃时,其冲击韧性急剧下降,而温度升高时,力学性能降低,且易发生蠕变。因此,锌合金铸件不宜在高温和低温的工况条件下使用,受力零件的工作温度一般不宜超过 100℃。另外,锌合金的密度较大($6600 \sim 6700 kg/m^3$),故在航空、电子、仪表等许多工业部门的产品中很少采用锌合金压铸件。

尺寸变化也是锌合金压铸件的重要问题。锌合金在压铸成铸件后会发生尺寸收缩,开始收缩速度比较快,$3 \sim 5$ 天以后大约完成 2/3,随后收缩速度减慢,尺寸逐渐趋于稳定。尺寸变化是由于压铸后内部组织的变化、湿空气及高温引起的腐蚀作用的结果。合金元素对铸件尺寸变化的影响很大,特别是铜的影响特别显著,不含铜的锌合金铸件的尺寸较为稳定。一般说来,锌—铝二元合金铸件的尺寸变化不大。压铸锌合金的性能特点见表 3-2,常用压铸锌合金的化学成分和力学性能见表 3-3 和表 3-4。

表 3-2　压铸锌合金的性能特点

优　点	缺　点
1. 熔点低,可延长压铸模寿命 2. 不易产生粘模 3. 铸造工艺性好,可压铸各种复杂、薄壁铸件 4. 具有良好的表面处理性能 5. 具有良好的常温使用性能	1. 密度大($6600 \sim 6700 kg/m^3$) 2. 易老化 3. 抗腐蚀性差,易产生晶间腐蚀,进而发生强度和尺寸变化

表 3-3　压铸锌合金化学成分(摘自 GB/T 13818—1992)

合金牌号	合金代号	质量分数/%									
		主　要　成　分				杂质含量≤					
		Al	Cu	Mg	Zn	Fe	Pb	Sn	Cd	Cu	总和
ZZnAl4Y	YX040	3.5~4.3	—	0.02~0.06	其余	0.1	0.005	0.003	0.004	0.25	0.2
ZZnAl4Cu1Y	YX041	3.5~4.3	0.75~1.25	0.03~0.08	其余	0.1	0.005	0.003	0.004	—	0.2
ZZnAl4Cu3Y	YX043	3.5~4.3	2.5~3.0	0.02~0.06	其余	0.1	0.005	0.003	0.004	—	0.2

表 3-4　压铸锌合金力学性能与应用范围

合金牌号	合金代号	力学性能≥				应用范围
		抗拉强度 R_m/MPa	断后伸长率 A_{50mm}/%	布氏硬度 HBW5/250/30	冲击吸收功 A_K/J	
ZZnAl4Y	YX040	250	1	80	35	尺寸稳定性好,用于高精度压铸件
ZZnAl4Cu1Y	YX041	270	2	90	39	中强度合金,用于各种压铸件
ZZnAl4Cu3Y	YX043	320	2	95	42	高强度合金,用于各种镀铬压铸件

2. 压铸铝合金

铝合金在许多方面尤其是使用性能方面较锌合金优越。因此,铝合金的压铸发展极为迅速,已在各个工业部门中得到广泛的应用,其用量远远高于其他有色合金,在压铸生产中占有极其重要的地位。

铝合金具有良好的压铸性能、导电性能和导热性能,并具有良好的切削性能。铝合金密度较小($2500\sim2900kg/m^3$),强度较大($R_m/\rho=9\sim15$),不仅高温力学性能很好,且低温下同样能保持良好的力学性能(尤其是韧性)。铝的表面极易形成与基体牢固结合的致密氧化铝膜(致密度系数 $\alpha=1.28$),氧化铝膜的化学稳定性及熔点都很高,故大部分铝合金在淡水、海水、浓硝酸、硝酸盐、汽油及各种有机物中均有良好的耐蚀性,且在高温工作时仍有良好的抗蚀性和抗氧化性能。但氧化铝膜能被氯离子及碱离子所破坏,所以,铝在碱、碳酸盐、盐酸及卤化物中很快被腐蚀。

铝有较大的比热容和凝固潜热,大部分的铸铝合金结晶温度间隔均较小,组织中也常含有一定数量的共晶体,故线收缩较小,具有良好的充填性能和较小的热裂倾向。但铸铝合金有相当大的体收缩值,容易在最后凝固处生成大的集中缩孔。

另外,铝硅系合金容易粘模。压铸铝合金的特点见表 3-5,常用压铸铝合金的化学成分和力学性能见表 3-6 和表 3-7。

表 3-5　压铸铝合金的特点

优　点	缺　点
1. 密度为 $2500\sim2900kg/m^3$ 2. 强度较大 $R_m/\rho=9\sim15$ 3. 耐蚀性、耐磨性好 4. 导热性、导电性好 5. 切削性能好	1. 铝硅系合金易粘模 2. 对金属坩埚有腐蚀性 3. 体收缩大,易产生缩孔

纯铝由于铸造性能差,容易氧化,压铸过程中易发生粘模现象,给压铸工艺带来一定程度的不便。但纯铝的电磁性能符合电动机的要求而常用于压铸电动机转子。

合金中的元素对于一些合金来说是有益的,而对另外一些合金,则可能是有害的。例如,铜对于一些铝铜系合金是主要元素,而对铝硅系合金 YL102 则是杂质,因为铜对 YL102 在大气和海水中的耐蚀性有极坏的影响,故应限制在规定范围内。锌对于铝硅合金和铝铜合金属于杂质,因为它会使这些合金的热裂趋向增加,耐蚀性降低。同样,硅在含镁较高的铝合金中存在时,会使其性能变坏。

表 3-6　压铸铝合金化学成分（摘自 GB/T 15115—1994）

合金牌号	合金代号	质量分数/%												
		主要成分					杂质含量≤							
		Si	Cu	Mg	Mn	Al	Fe	Cu	Mg	Zn	Mn	Sn	Pb	总和
YZAlSi2	YL102	10.0~13.0				其余	1.2	0.6	0.05	0.3	0.6			2.3
YZAlSi10Mg	YL104	8.0~10.5		0.17~0.30	0.2~0.5	其余	1.0	0.3	—	0.3	—	0.01	0.05	1.5
YZAlSi12Cu2	YL108	11.0~13.0	1.0~2.0	0.4~1.0	0.3~0.9	其余	1.0	—	—	1.0	—	0.01	0.05	2.0
YZAlSi9Cu4	YL112	7.5~9.5	3.0~4.0			其余			0.3	1.2	0.5	0.1	0.1	2.0
YZAlSi11Cu3	YL113	9.6~12.0	1.5~3.5			其余	1.2		0.3	1.0	0.5	0.1	0.1	
YZAlSi17Cu5Mg	YL117	16.0~18.0	4.0~5.0	3.45~0.65		其余	1.2			1.2	0.5			
YZAlMg5Si1	YL303	0.8~1.3	≤0.1	4.5~5.5	0.1~0.4	其余	1.2	0.1		0.2				1.4

表 3-7　压铸铝合金力学性能与应用范围

合金牌号	合金代号	力学性能≥			应用范围
		抗拉强度 R_m/MPa	断后伸长率 A_{50mm}/%	布氏硬度 HBW5/250/30	
YZAlSi2	YL102	220	2	60	各种薄壁铸件
YZAlSi10Mg	YL104	220	2	70	大、中型铸件
YZAlSi12Cu2	YL108	240	1	90	各种铸件
YZAlSi9Cu4	YL112	240	1	85	大、中型铸件
YZAlSi11Cu3	YL113	230	1	80	大、中型铸件
YZAlSi17Cu5Mg	YL117	220	<1	—	大、中型铸件
YZAlMg5Si1	YL303	220	2	70	各种薄壁件以及高强度下工作的铸件

　　铁在铝合金中是杂质元素，故压铸铝合金对铁的含量要求严格控制。但铝合金含有少量铁元素可以减少对模具的黏附，铁含量达到 0.6% 后，粘模现象便大为减轻。因此，压铸铝合金的铁含量一般控制在 0.8%~0.9% 为宜。镍能增进合金的焊接性能。当含镍为 1%~1.5% 时，能使铸件表面很光泽（经抛光）。但由于镍资源的缺乏，一般情况下不采用含镍的铝合金。

　　3. 压铸镁合金

　　在现有工程用合金中，镁合金的密度最小，根据合金成分的不同，通常在 1750~1900kg/m³ 范围内，约为铝的 64%、钢的 23%。虽然镁合金的强度、弹性模量比铝合金、合金钢低，但其比强度明显高于铝合金和钢，比刚度则与铝合金和钢大致相同。与铝合金具有相同刚度的镁合金，其重量约减轻 25%，是一种优良的轻质结构材料。与工程塑料相比,尽管工程塑料尤其是纤维增强塑料的比强度很高,但其弹性模量很小,比刚度远小于镁合金,且工程塑料难以回收利用。因此,刚性要求高的结构件的轻量化以镁合金材料更为合适。此外,镁合金具有散热快、抗电磁干扰能力强等特性,同时镁合金熔点低、凝固收缩小、不腐蚀钢质模具等特点决定了其良好的压铸性能,故镁合金压铸件的应用正在逐渐扩大,在计算机、电子、通信等行业得到越来越广泛的应用。

大部分镁合金的屈服极限低于铝合金,承受载荷的能力稍差,然而镁合金却有良好的阻尼减振性。在受到较大外力作用时,镁合金易产生较大的变形,而这一特性能使受力构件的应力分布更为均匀,在一定场合下有利于避免过高的应力集中,且在弹性范围内,当承受冲击载荷时,镁合金能吸收较大的冲击能量(能吸收的能量比铝合金大一半),可制造承受强烈颠簸和起滞震作用的零件,用作产品外壳可减少噪声传递。在设计镁合金铸件时,为了提高承载能力,常常采用加强筋和避免出现较大的平面壁结构的方法。

铸镁在低温下(达 $-196℃$)仍有良好的力学性能,故可制造在低温下工作的零件。镁的标准电极电位较低,并且表面形成的氧化膜是不致密的,因而抗蚀性较差,故镁铸件常需要进行表面氧化处理和涂漆保护。镁合金零件在装配中应避免与铝合金(铝镁合金除外)、铜合金、含镍钢等零件直接接触而导致电化学腐蚀,应采用塑料、橡胶或油漆作衬垫加以隔离。

镁合金与铁的亲和力小,压铸时即使采用较小的出模斜度也不会出现粘模现象,脱模性能优良,模具寿命较长(至少比铝合金高出 4~5 倍)。并且铸件成分和尺寸稳定性也都较好,同时还具有良好的切削加工性,其切削速度可大于其他金属。如切削镁合金功率为1,则铝合金为 1.8,铸铁为 3.5,软钢为 6.3。

镁的化学性质十分活泼,它与氧的亲和力比铝与氧的亲和力大,但镁被氧化后表面形成疏松的氧化膜,致密度系数 $\alpha=0.79$(Al_2O_3 的 $\alpha=1.28$),这种不致密的表面膜不能阻碍反应物质的通过,使氧化得以不断进行。镁的氧化与温度有很大的关系,温度较低时,镁的氧化速率不大;温度高于 500℃时,氧化速率加快;当温度超过熔点 650℃时,其氧化速率急剧上升,故液态镁一旦遇氧即发生剧烈的氧化而燃烧。镁燃烧时放出大量的热,而生成的氧化镁 MgO 的绝热性又很好,使得反应生成的热量不能很好地传递出去,因而反应界面的温度不断上升,而温度升高又加速镁的氧化,燃烧反应更加剧烈。如此循环下去,必将使得反应界面的温度越来越高(最高可达 2850℃),引起镁液的大量汽化(镁的沸点为 1107℃),燃烧大大加剧,甚至引发爆炸。为此,熔炼镁合金时必须采取安全防护措施。

(1) 合金元素保护熔炼

在镁合金锭中加入微量铍($W_{Be}=0.002\%\sim0.01\%$),可以提高镁合金的抗氧化能力。这是因为铍是镁的表面活性元素,它富集于镁合金熔体表面,使熔体表面铍含量为合金的 10 倍。由于铍与氧的亲和力大于镁与氧的亲和力,故铍先与氧反应,且氧化铍的致密度系数 $\alpha=1.71$,因此可以有效防止镁的氧化燃烧。但铍的加入量不宜过多,过多会引起晶粒粗化,恶化力学性能,加剧热裂倾向。过多的铍还使镁合金熔体产生过多的渣,且铍具有一定的毒性,不但对人体有害,废弃的炉渣也危害环境。

(2) 气体保护熔炼

目前在镁工业中广泛应用的保护气体主要是 CO_2 和 SF_6 气体。对于 SO_2 气体,由于其防护作用有限且有发生爆炸的可能,现在已很少使用。

(3) 熔剂保护熔炼

当镁合金在大气中熔炼时,为了防止金属液表面的氧化燃烧,生产中常常采用熔剂保护下的熔炼,即熔炼时在镁合金金属液表面覆盖一层熔剂进行保护。镁合金熔剂有两种作用:①覆盖作用。熔融的熔剂借助表面张力的作用,在镁合金金属液表面形成连续、完整的覆盖层,隔绝空气,阻止 Mg 与 O_2、Mg 与 H_2O 的反应,防止了镁的氧化,也能扑灭镁的燃烧。②精炼作用。熔融的熔剂对非金属夹杂物具有良好的润湿和吸附能力,并利用熔剂与合金的密度差将夹杂物随同熔剂自熔体中排除。常用的镁合金熔剂主要是由 $MgCl_2$、KCl、CaF_2、$BaCl_2$ 等氯盐、氟盐的混合物组成。熔剂中采用碱金属和碱土金属的卤化物是因为其化学稳定性高。几种盐按一定比例混合,可使熔剂的熔点、密度、黏度及表面性能都能较好地满足使用要求,表 3-8 给出了几种保护熔剂的成分和用途。压铸镁合金的特点见表 3-9,化学成分和力学性能见表 3-10 和表 3-11。

表 3-8 镁合金的几种保护熔剂的成分和用途

| 编号 | 主要成分质量分数/% | | | | | | | 杂质含量质量分数≤/% | | | | 用途 |
	$MgCl_2$	KCl	$NaCl_2$	$CaCl_2$	CaF_2	$BaCl_2$	MgO	NaCl+$CaCl_2$	不溶物	MgO	H_2O	
RJ-1	40~46	34~40						7	1.5	1.5	2	洗涤熔炼和浇注工具
RJ-2	38~46	32~40			3~5	5.5~8.5		8	1.5	1.5	3	ZM-1 合金覆盖与精炼剂
RJ-3	34~40	25~36			15~20	5~8	7~10	8	1.5		3	ZM-1 合金精炼覆盖剂
RJ-4	32~38	32~36			8~10			8	1.5	1.5	3	ZM-1 合金精炼覆盖剂
RJ-5	24~30	20~26			13~15	12~16		8	1.5	1.5	2	ZM-1 至 ZM-3 合金精炼覆盖剂
RJ-6	—	54~56	1.5~2.5	2.7~2.9		28~31		8	1.5	1.5	2	ZM-3 合金精炼覆盖剂
光卤石	44~52	36~46				14~16		7	1.5	2	2	洗涤熔炼和浇注工具

表 3-9 压铸镁合金的特点

优 点	缺 点
1. 密度小(1700~1830kg/m³) 2. 强度较大(R_m/ρ=14~16) 3. 刚度和减振性好 4. 铸件尺寸稳定 5. 热容量小,不粘模 6. 切削性能优良	1. 易氧化,熔化、保温设备结构及工艺复杂 2. 高温脆性、热裂倾向大 3. 耐蚀性差

表 3-10   压铸镁合金化学成分（摘自 JB/T 3070—1982）   单位：%

合金牌号	合金代号	质量分数								
		主 要 成 分				杂 质 含 量 ≤				
		Al	Zn	Mn	Mg	Fe	Cu	Si	Ni	总和
YZMgAl9Zn	YM5	7.5～9.0	0.2～0.8	0.15～0.5	其余	0.08	0.10	0.25	0.01	0.50

表 3-11   压铸镁合金力学性能与应用范围

合金牌号	合金代号	力学性能 ≥			应 用 范 围
		抗拉强度 R_m/MPa	断后伸长率 A_{50mm}/%	布氏硬度 HBW5/250/30	
YZMgAl9Zn	YM5	200	1	65	受强烈颠簸及振动载荷,要求强度高、重量轻的铸件

4. 压铸铜合金

铜的价格比较昂贵,而压铸工艺具有节约材料的特点,因此铜合金压铸件的应用范围正在不断扩大。虽然铜合金熔点较高（885～1000℃）,以致模具使用寿命短,但因为铜合金具有许多优越的性能,所以,铜合金压铸在生产中仍然非常普遍。

铜合金的力学性能很高,其绝对值超过锌、铝和镁等合金。铜合金在大气中及海水中都有良好的抗蚀性能,并且具有小的摩擦因数,耐磨性也很好,疲劳极限和导热性都很高,线胀系数也较小,故多用于制造耐磨、导热或受热时希望尺寸增大不多的零件。铜合金的导电性能也很好,且具有很好的抗磁性能,可用来制造不允许受磁场干扰的仪器上的零件。压铸铜合金的特点见表 3-12。

表 3-12   压铸铜合金的特点

优　　　点	缺　　　点
1. 力学性能好 2. 导电、导热性好 3. 摩擦因数小,耐磨性好 4. 耐蚀性好	1. 密度大（8200～8500kg/m³） 2. 熔点高,降低压铸模寿命 3. 价格高

压铸用的铜合金主要是铅黄铜和硅黄铜,常用铜合金的化学成分和力学性能分别见表 3-13 和表 3-14。

在铜合金中加入锰可以大大提高其耐蚀性,当含锰量为 1.35% 时,铜合金的耐蚀性最佳。铅本身不溶于铜,其主要作用是改善铜合金的切削加工性能,且提高黄铜的耐磨性。合金中含有少量铝,有脱氧以及防止和减少锌蒸发的作用,并提高流动性。铜合金中的锌不仅能降低合金的熔点,提高流动性,还可以增进合金力学性能。但当锌含量达 32% 时,内部出现脆性组织,塑性下降,若含量进一步增高,塑性下降更甚。大部分管接头之类的水暖配件采用黄铜压铸而成,并在铸态下使用。此类零件必须考虑耐蚀性问题,一般采用严格控制合金中的锌含量,添加锰、镍、锡等合金元素的措施,也可考虑采用低温热处理的方法。

表 3-13　压铸铜合金化学成分（GBjT 15116—1994）　　单位：%

合金牌号	合金代号	质量分数														
		主要成分							杂质含量≤							
		Cu	Pb	Al	Si	Mn	Fe	Zn	Fe	Si	Ni	Sn	Mn	Al	Pb	Sb	总和
YZCuZn40Pb	YT40-1	58.0~63.0	0.5~1.5	0.2~0.5	—		—	其余	0.8	0.05	—	—	0.5	—	—	1.0	1.5
YZCuZn16Si4	YT16-4	79.0~81.0	—	—	2.5~4.5		—	其余	0.6	—	—	0.3	0.5	0.1	0.5	0.1	2.0
YZCuZn30Al3	YT30-3	66.0~68.0	—	0.3~0.9	—		—	其余	0.8	—	—	1.0	—	—	1.0	—	3.0
YZCuZn35Al2Mn2Fc	YT35-2-2-1	57.0~65.0	—	0.5~2.5	—	0.1~3.0	0.5~2.0	其余		0.1	3.0	0.1	—	—	0.5	0.4①	2.0②

注：①Sb+Pb+As≤0.4；②杂质总和中不含 Ni。

表 3-14　压铸铜合金力学性能与应用范围

合金牌号	合金代号	力学性能≥			应用范围
		抗拉强度 R_m/MPa	断后伸长率 A_{50mm}/%	布氏硬度 HBW5/250/30	
YZCuZn40Pb	YT40-1	300	6	85	齿轮、承受海水作用的管配件、阀体、船舶零件以及形状复杂的各种零件
YZCuZnl6Si4	YT16-4	345	25	85	
YZCuZn30Al3	YT30-3	400	15	110	
YZCuZn35Al2Mn2Fe	YT35-2-2-1	475	3	130	

3.3　压铸合金的选用

　　合理地选择合金是零件设计工作中重要的环节之一。选择合金时，不仅要考虑所要求的使用性能，如力学、物理和化学等方面的性能，而且对合金的工艺性能也要给予足够的重视。在满足使用性能的前提下，应尽可能选用既满足工艺性能要求又符合国家标准的合金材料。

　　实际生产中，合金材料的选择往往是较难的，很难给出一个普遍适用的原则。这是因为通常情况下，合金材料的性能与生产工艺（工艺参数）、设备条件、合金来源乃至实际经验等诸多因素有关。下面是仅从使用性能角度考虑时，几种常用牌号压铸合金的大致性能区别。

　　（1）锌合金。表 3-3 所示的几种牌号的使用性能和工艺性能差别不大。

　　（2）铝合金。铝合金的牌号较多，在表 3-6 所示推荐的合金牌号中，YL102 铝合金的气密性较好，但切削性较差，铸件表面花纹比较严重；YL104 的切削性能则有所改善。通常这两种牌号可通用，而以 YL102 为主要牌号。YL303 具有较好的耐蚀性和耐热性，适用于潮湿环境。至于 YL108 虽然具有良好的压铸性能，强度和切削性能也较好，但过多的含锌量使其耐蚀性降低。

（3）镁合金。由于镁的热容量较小，凝固较快，且与钢的亲和力较小，不易发生粘膜现象，因此压铸过程比铝合金快，又鉴于镁合金比强度高，适宜压铸大型薄壁零件。

（4）铜合金。由于铅黄铜铸件在流动的海水和热水中易发生脱锌腐蚀现象（因锌先溶解而在铸件表面残留一层多孔的海绵状纯铜），因此在潮湿大气或 SO_2 气氛环境中都不宜采用。而硅黄铜则因线收缩小，有较好的抗热裂性能，同时也有较好的气密性和耐蚀性，况且填充成型性也很好，可以压铸薄壁零件。

思考题

1. 常用的压铸合金有哪些？各有什么特点？
2. 如何选择压铸合金？
3. 为什么熔炼镁合金时必须采取安全防护措施？
4. 锌合金最大的缺点是什么？
5. 铝合金具有良好的耐蚀性和抗氧化性能的原因是什么？

第 4 章

压铸机种类与选用

压铸机是压铸生产的基本设备,压铸机与压铸模的良好匹配是成功进行压铸生产、获得优质铸件的保证。

4.1 压铸机种类和特点

4.1.1 压铸机种类与基本参数

压铸机一般按压室工况条件分为冷(压)室压铸机和热(压)室压铸机两大类。冷室压铸机按其压室结构和布置方式又分卧式、立式(包括全立式)两种形式。常用压铸机分类见表 4-1。

目前,国产压铸机已经标准化,国家机械行业标准 JB/T 8083—2000 规定压铸机的主参数为合型(模)力,并对各类压铸机的基本参数作了规定,详见表 4-2～表 4-4。

表 4-1 常用压铸机分类

系列	结构形式	简 图
热压室	活塞式	1—铸件;2—内浇口;3—分流器;4—直浇道;5—喷嘴;6—浇道;7—合金液;8—压射冲头;9—浇壶;10—炉体

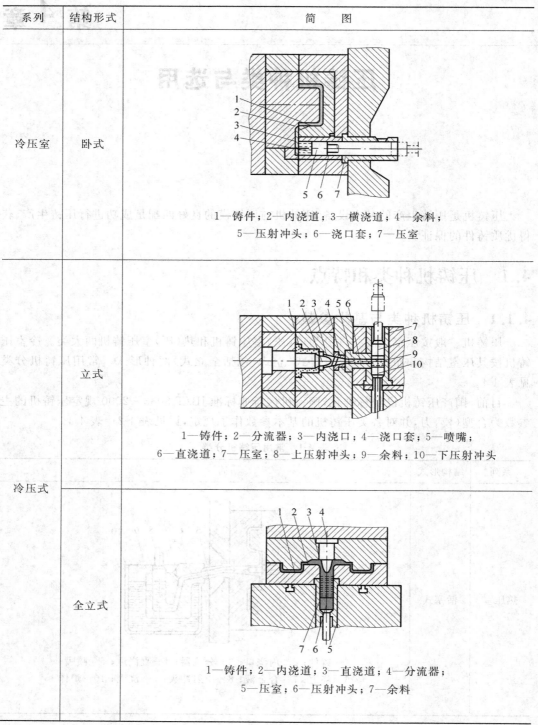

系列	结构形式	简　图
冷压室	卧式	1—铸件；2—内浇道；3—横浇道；4—余料； 5—压射冲头；6—浇口套；7—压室
冷压式	立式	1—铸件；2—分流器；3—内浇口；4—浇口套；5—喷嘴； 6—直浇道；7—压室；8—上压射冲头；9—余料；10—下压射冲头
	全立式	1—铸件；2—内浇道；3—直浇道；4—分流器； 5—压室；6—压射冲头；7—余料

表 4-2　卧式冷室压铸机基本参数（JB/T 8083—2000）

合型力 /kN	≥630	≥1000	≥1600	≥2500	≥4000	≥6300	≥8000	≥10000	≥12500	≥16000	≥20000	≥25000
拉杠之间的内尺寸（水平×垂直）/mm	≥280×280	≥350×350	≥420×420	≥520×520	≥620×620	≥750×750	≥850×850	≥950×950	≥1060×1060	≥1180×1180	≥1320×1320	≥1500×1500
动型座型行程 L/mm	≥250	≥300	≥350	≥400	≥450	≥600	≥670	≥750	≥850	≥950	≥1060	≥1180
压铸型厚度 H/mm　最小	150	150	200	250	300	350	420	480	530	600	670	750
压铸型厚度 H/mm　最大	350	450	550	650	750	850	950	1060	1180	1320	1500	1700
压射位置（O 为中心）[1] /mm（中心 0）	0	0	0	0	0	0	0	0	0	0	0	0
压射位置（O 为中心）[1] /mm（偏心）	60	120	70	80	100	125	140	160	160	175	175	180
压射力 /kN	≥90	≥140	≥200	≥280	≥400	≥600	≥750	≥900	≥1050	≥1250	≥1500	≥1800
压射室直径 /mm	30~45	40~50	40~60	50~75	60~80	70~100	80~120	90~130	100~140	110~150	130~175	150~200
最大金属浇注量（铝）/kg	0.7	1.0	1.8	3.2	4.5	9	15	22	26	32	45	60
压射室法兰凸台直径 /mm　公称值	85	90	110	120	130	165	180	240	240	260	260	300
压射室法兰凸台直径 /mm　极限偏差	f7（GB/T 1801—1999）											
压射室法兰凸台出定 /mm　公称值	10	10	15	15	15	15	20	20	25	25	30	30
压射室法兰凸台出定 /mm　极限偏差	−0.05											
型座板高度 /mm												
压射冲头推出距离 /mm	≥80	≥100	≥120	≥140	≥180	≥220	≥250	≥280	≥320	≥360	≥400	≥450
液压顶出器顶出力 /kN	—	≥80	≥100	≥140[2]	≥180	≥250	≥360	≥450	≥500	≥550	≥630	≥750
液压顶出器顶出行程 S/mm	—	≥60	≥80	≥100	≥120	≥150	≥180	≥200	≥200	≥250	≥250	≥315
一次空循环时间 /s	≤5	≤6	≤7	≤8	≤10	≤12	≤14	≤16	≤19	≤22	≤26	≤30

注：①压射位置可以为二挡偏心，合型力 630kN、1000kN 为一挡偏心；②具体型号参考有关资料。

表 4-3　立式冷室压铸机基本参数（JB/T 8083—2000）

合型力/kN		≥630	≥1000	≥1600	≥2500	≥4000	≥6300
拉杆之间的内尺寸（水平×垂直）/mm		≥280×280	≥350×350	≥420×420	≥520×520	≥620×620	≥750×750
动型座板行程 L/mm		≥250	≥300	≥350	≥400	≥450	≥600
压铸型厚度 H/mm	最小	150	150	200	250	300	350
	最大	350	450	550	6500	750	850
压射位置（O 为中心）/mm		0	0	0	0	0	0
		—	—	—	80	100	150
压射力/kN		≥160	≥200	≥300	≥400	≥700	≥900
压射室直径/mm		50～60	60～70	70～90	90～110	110～130	130～150
最大金属浇注量（铝）/kg		0.6	1.0	2.0	3.6	7.5	11.5
液压顶出器顶出力/kN		—	≥80	≥100	≥140	≥180	≥250
液压顶出器顶出行程 S/mm		—	≥60	≥80	≥100	≥120	≥150
一次空循环时间/s		≤6	≤7.5	≤9	≤10	≤13	≤16

注：具体型号参考有关资料。

表 4-4　热室压铸机基本参数（JB/T 8083—2000）

合型力/kN		≥630	≥1000	≥1600	≥2500	≥4000	≥6300
拉杆之间的内尺寸（水平×垂直）/mm		≥280×280	≥350×350	≥420×420	≥520×520	≥620×620	≥750×750
动型座板行程 L/mm		≥250	≥300	≥350	≥400	≥450	≥600
压铸型厚度 H/mm		150	150	200	250	300	350	350
		350	450	550	650	750	850	850
压射位置（0 为中心）/mm		0	0	0	0	0	0
		—	50	60	80	100	150
压射力/kN		≥50	≥70	≥90	≥120	≥150	≥200
压射室直径/mm		60	70	80	90	100	110
最大金属浇注量（锌）/kg		1.2	2.5	3.5	5	7.5	12.5
液压顶出器顶出力/kN		—	≥80	≥100	≥140	≥180	≥250
液压顶出器顶出行程 S/mm		—	≥60	≥80	≥100	≥120	≥150
一次空循环时间/s		≤4	≤5	≤6	≤7	≤8	≤10

注：具体型号参考有关资料。

4.1.2　压铸机压铸过程与特点

1. 热压室压铸机

（1）热压室压铸机压铸过程

热压室压铸机的特征是压室处于坩埚底部且与坩埚连为一体，并始终浸入在液态压

铸合金中,压射机构则安装在坩埚上面,如图 4-1
所示。压铸过程为:压射冲头 3 提升,合金液 1
通过进料口 5 进入压室 4;压铸模(型)合模
(型);然后压射冲头 3 下压,使合金液沿鹅颈通
道 6 经喷嘴 7 与流道进入压铸模 8,并在压力下冷
凝成型;压射冲头回升,鹅颈通道中多余的合金液
回流至压室,开模取出铸件,完成一个压铸循环。

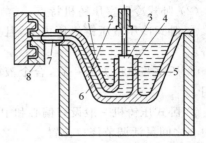

图 4-1　热压室压铸机压铸过程示意图

1—合金液;2—坩埚;3—压射冲头;4—压室;
5—进料口;6—鹅颈通道;7—喷嘴;8—压铸模

（2）热压室压铸机特点

① 工序简单,操作方便,生产效率高,易于
自动化。

② 合金液温度波动小,气体和夹杂物含量少,工艺稳定性好。

③ 浇注系统消耗的合金材料少,成本节约,经济性好。

④ 通常用于压铸铅、锡、锌等低熔点合金铸件。

⑤ 压室和压射冲头长期浸入在合金液中,易受侵蚀,影响使用寿命。同时易引起合
金液含铁量增加。

2. 卧式冷压室压铸机

（1）卧式冷压室压铸机压铸过程

卧式冷压室压铸机的特征是压室与压射机构为水平布置,而压铸模具垂直安装。压
室与模具的相对位置关系及压铸过程如图 4-2 所示。压铸过程为:压铸模合模;将合金
液浇入压室 2 内;然后压射冲头 1 向前推进,将合金液经由流道 7 压入型腔 6,并使合金
液在压力下冷凝成型;开模取件(开模时,压射冲头先前伸将余料 8 推出压室而随压铸件
一起取出,再后退复位),完成一个压铸循环。

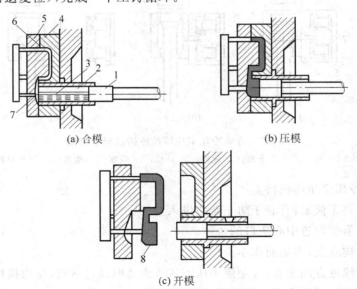

(a) 合模　　　　　　　　　　　(b) 压模

(c) 开模

图 4-2　卧式冷压室压铸机压铸过程示意图

1—压射冲头;2—压室;3—合金液;4—定模;5—动模;6—型腔;7—流道;8—余料

（2）卧式冷压室压铸机特点

① 卧式冷压室压铸机压力大，且生产操作简单，维修方便，是目前广泛应用的压铸设备。

② 压室与流道方向一致，合金液由压室进入流道无转折，压力损耗小，有利于增压作用。

③ 卧式压铸机一般设有偏心和中心两个浇口位置，并可根据压铸工艺的需要在偏心与中心之间灵活调节浇口位置。

④ 适用范围广，可压铸各种有色和黑色合金铸件。

⑤ 压室内合金液与空气接触面积大，压射速度选择不当则容易卷入空气和氧化夹渣。

⑥ 采用中心浇口时模具结构较为复杂。

3. 立式冷压室压铸机

（1）立式冷压室压铸机压铸过程

立式冷压室压铸机的特征是压室与压射机构为垂直布置，且压铸模具也垂直安装，压室中心线与模具分型面平行。压室与模具的相对位置关系及压铸过程如图4-3所示。压铸过程为：压铸模合模；将合金液3浇入压室2（浇入的合金液3被封住喷嘴6的下压射冲头8托住）；压射冲头下压，当压射冲头碰到合金液后，下压射冲头8开始下降，喷嘴6打开，合金液被压入型腔7，并在压力下冷凝成型；然后压射冲头回退，下压射冲头上升切断余料9并将其顶出压室，余料取走后，下压射冲头回复到原位；开模取出压铸件，完成一个压铸循环。

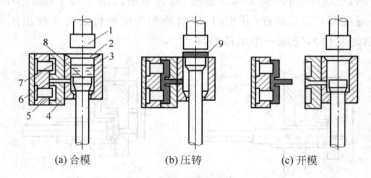

(a) 合模	(b) 压铸	(c) 开模

图 4-3　立式冷压室压铸机压铸过程示意图

1—上压射冲头；2—压室；3—合金液；4—定模；5—动模；6—喷嘴；7—型腔；8—下压射冲头；9—余料

（2）立式冷压室压铸机特点

① 压室垂直于流道，有利于防止杂质进入型腔。

② 适宜于需要设置中心浇口的铸件。

③ 压射机构直立，占地面积小。

④ 压室与流道方向垂直，合金液由压室进入流道时经过转折，压力损耗大。

⑤ 由于增加了反料机构，因而结构相对复杂，维修和操作比较麻烦，生产效率也较低。

4. 全立式冷压室压铸机

（1）全立式冷压室压铸机压铸过程

全立式冷压室压铸机的特征是压室与压射机构为垂直布置，而压铸模具水平安装，压室中心线与模具分型面垂直。压室与模具的相对位置关系及压铸过程如图 4-4 所示。压铸过程为：将合金液 2 浇入压室 3；压铸模合模；压射冲头 1 上升将合金液压入型腔 6，并使合金液在压力下冷凝成型；开模取出压铸件（压射冲头随开模同时上升，以将余料 7 推出压室而随压铸件一起取出，然后下退复位），完成一个压铸循环。

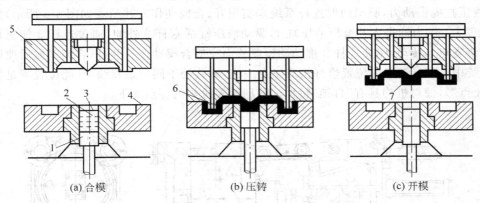

（a）合模　　　　　　　（b）压铸　　　　　　　（c）开模

图 4-4　全立式冷压室压铸机压铸过程示意图

1—压射冲头；2—合金液；3—压室；4—定模；5—动模；6—型腔；7—余料

（2）全立式冷压室压铸机特点

① 模具置于压室上部，充型过程自下而上进行，液流平稳，不易卷入气体与氧化夹杂物。

② 压室与流道直通，合金液由压室进入流道时无转折，压力损耗小。

③ 模具水平安置，安放嵌件方便，适宜于压铸电机转子类及各种带镶嵌件的零件。

④ 设备占地面积小，但结构较复杂，操作与维修不便，取件困难，生产效率低。

4.2　压铸机基本结构

压铸机主要由合模机构、压射机构、动力系统和控制系统等组成。

4.2.1　合模机构

压铸机的合模机构是开模、合模与锁模机构的合称。其功能是开模、合模与模具合拢后锁紧模具。合模机构动作的准确、可靠是压铸件精度、致密度和生产效率及安全生产的基础。合模机构大体可分为机械式、（全）液压式和液压机械式等类型。

1. 机械合模机构

机械式合模机构是以电动机为动力，通过齿轮、曲肘、连杆来实现开、合模动作。机械式合模机构的调整比较困难、复杂，现已很少使用。

2. （全）液压合模机构

（全）液压合模机构的开、合模动力与开、合模动作都是由液压缸来提供与完成的。液压合模机构的优点是结构简单、操作方便。安装不同厚度的压铸模时无需调整,液压不变则锁模力不变。液压合模机构最大的缺点则是机构的刚性和可靠性不高,一旦发生胀型力大于锁模力的意外情况,动模即会出现退让,造成合金液从分型面喷出,既不安全又降低压铸件质量,影响生产效率。因此,液压合模机构在实际生产中的应用越来越少。

3. 液压机械合模机构

液压机械合模机构的类型有多种,应用最多的是(液压)曲肘合模机构,其他的还有各种形式的偏心结构、斜楔机构等。曲肘合模机构由液压缸与曲肘机构组成,如图 4-5 所示,液压缸提供动力,驱动曲肘连杆系统来实现开、合模动作。其示意如图 4-6 所示,其工作原理为:压力油进入开合模液压缸 1,驱动液压缸活塞杆 2 外伸,通过连杆 3 使三角铰链 4 绕支点 a 转动,驱使连杆 3 推动动模前移而完成合模动作。并且,合模完成后曲肘连杆系统中 a、b、c 三点的位置恰好构成三点一线,即共处于同一条直线上(此位置就是俗称的"死点"),使得机构具有"自锁"特性。曲肘合模机构的特点如下。

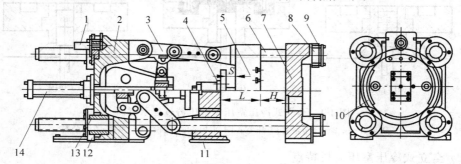

图 4-5　曲肘合模机构结构简图

1—调模液压马达;2—尾板;3—曲肘组件;4—顶出液压缸;5—动模座板;6—拉杆;7—定模座板;
8—拉杆螺母;9—拉杆压板;10—调模大齿轮;11—动模座板滑脚;12—调节螺母压板;
13—调节螺母;14—开合模液压缸

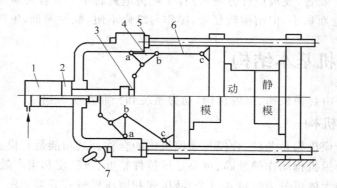

图 4-6　曲肘合模机构工作原理示意图

1—开合模液压缸;2—液压缸活塞杆;3—连杆;4—三角铰链;5—螺帽;6—力臂;7—齿轮齿条

(1)曲肘连杆系统具有增压作用,可将开合模液压缸的推力增大 16～26 倍。与全液压合模机构相比,其液压缸直径与液压泵的功率均可减小,高压油消耗可显著减少。

(2)机构运动特性好。开合模过程中,机构运动(动模移动)速度是一个"慢—快—

慢"的变化过程,曲肘连杆离死点位置越近,机构运动(动模移动)速度就越慢。合模时,在完成合模的瞬间,机构运动速度降低到零,同时机构进入自锁(锁模)状态。同理,在刚开模和开模即将结束时,动模移动速度很低,利于抽芯和顶出铸件。

(3) 曲肘合模机构应用"死点"位置的"自锁"特性进行锁模,只要曲肘连杆的强度与刚度足够,则机构的锁模力就足够,安全、可靠。

(4) 控制系统简单,操作、维修方便。

(5) 对不同厚度的模具需要调整合模机构的行程,调整过程比较麻烦。

4.2.2　压射机构

压射机构的作用是将合金液通过浇注系统压入模具型腔,完成填充成型。虽然不同型号压铸机的压射机构有所不同,但其主要部件都是压射缸、压射室、压射冲头、增压器等。压射机构的结构性能决定了压射速度、压射比压、压射时间及增压压力与增压时间等主要压铸工艺参数,直接影响合金液在型腔中的流动状态与填充形态,从而影响铸件的质量。因此,性能优良的压射机构是获得优质压铸件的可靠保证。

压射系统发展的总趋势在于获得快的压射速度、压铸终了阶段的高压力和低的压力峰。现代压铸机压射机构的主要特点是具备三级压射,也就是慢速排除压室中的气体和快速填充型腔的两级速度,以及不间断地给合金液施以稳定高压的一级增压。并且慢速压射、快速压射和增压的速度快慢与时间长短都可以根据压射工艺的需要通过油路控制阀来调节。下面以 DCC280 型卧式冷压室压铸机为例,说明三级压射机构的工作原理,如图 4-7 所示。

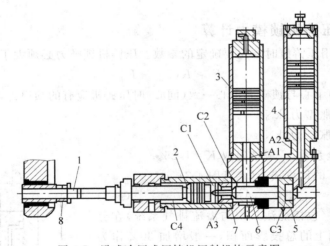

图 4-7　卧式冷压式压铸机压射机构示意图

1—压射冲头；2—压射活塞；3、4—液压蓄能器；5—增压活塞；6—活塞杆；7—浮动活塞；8—压室
A1、A2、A3—通道；C1、C2—压射腔；C3—增压腔；C4—回程腔

(1) 第一阶段:慢速压射。开始压射时,系统液压油通过集成油路板进入 C2 腔,再经 A3 通道进入 C1 腔,推动压射活塞 2 向左运动,实现第一阶段的慢速压射。

(2) 第二阶段:快速压射。当压射冲头 1 越过压室浇料口后,液压蓄能器 3 的控制油阀打开,使液压蓄能器 3 下腔的液压油经 A1、A3 通道迅速进入 C1 腔,使 C1 腔内油量迅速增大,从而使压射活塞 2 运动速度迅速增大,实现第二阶段的快速压射。

(3) 第三阶段:增压。压射充型终了时,压射冲头推进的阻力瞬间增大,此阻力反馈到控制系统,使液压蓄能器 4 的控制油阀打开,其下腔的液压油经 A2 通道迅速进入 C3 腔,从而推动增压活塞 5 与活塞杆 6 快速向左推进。当活塞杆 6 与浮动活塞 7 内外锥面接合时,A3 通道被截断而使 C1 腔成为一个封闭腔。从而在增压活塞 5、活塞杆 6、浮动活塞 7 的推力及 C1、C2 腔液压压力的共同作用下,使压射活塞 2 压射力增大,实现第三阶段的增压。

开模时,系统液压油进入 C4 腔,推动压射活塞 2 右移,同时 C1 腔中的液压油推动活塞杆 6 右移而使通道 A3 打开,从而 C1 腔中的液压油经由 A3、C2 通过集成油路板回到油箱,C3 腔的液压油则在增压活塞 5 的驱动下经集成油路板回到油箱,实现压射活塞和增压活塞的复位。

4.3　压铸机选用

实际生产中,并非任意一台压铸机就能满足产品生产的要求,必须根据压铸件的产品种类、尺寸大小、技术要求以及使用场合与工况条件等具体情况选用压铸机。根据锁模力选用压铸机是传统的最常用的方法,而根据压射系统的 $p\text{-}Q^2$ 图(液压最大静压力与流量的关系)选用压铸机则是一种更为科学的方法。但是,到目前为止,压铸机制造商很少提供压射系统的 $p\text{-}Q^2$ 图资料,需要使用者自己进行测定,所以目前还少有根据 $p\text{-}Q^2$ 图来选用压铸机。

4.3.1　所需压铸机锁模力计算

锁模力是选用压铸机时首先要确定的参数。压铸机锁模力必须大于等于胀型力,即

$$F \geqslant K(F_主 + F_分) \tag{4-1}$$

式中:F——压力中心与锁模力中心一致(同心)时压铸机应有的锁模力,kN;

$F_主$——主胀型力,kN;

$F_分$——分胀型力,kN;

K——安全系数,一般情况取 $K=1.25$。

主胀型力 $F_主$ 的计算式为(参见图 4-8)

$$F_主 = Ap \tag{4-2}$$

式中:A——铸件(包括浇注系统与溢流排气系统)在分型面上的总投影面积(一般增加 30% 作为浇注系统与溢流排气系统的面积),m^2;

p——压实压力(压射比压或增压比压),kPa。必要时应按式(1-3)或式(1-4)核算压铸机所能提供的压实压力。

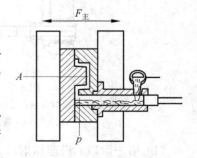

图 4-8　主胀力计算示意图

压铸模通常都有抽芯(斜销抽芯、斜滑块抽芯、液压抽芯)机构,当压铸时合金液充满型腔后所产生的反压力作用于侧向活动型芯的成型端面

上就会引起型芯后退,故与活动型芯相连接的滑块端面常采用楔紧块锁紧,由此在楔紧块斜面上产生的法向分力就是分胀型力 $F_分$,如图 4-9 所示。

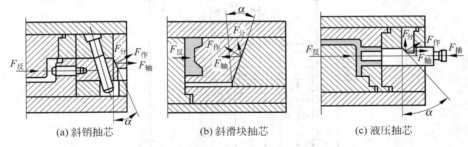

（a）斜销抽芯　　　　　（b）斜滑块抽芯　　　　　（c）液压抽芯

图 4-9　主胀力计算示意图

斜销抽芯、斜滑快抽芯时分胀型力 $F_分$ 由式（4-3）计算,即

$$F_分 = \sum A_分 p \tan\alpha \qquad (4\text{-}3)$$

式中:$F_分$——所有各个型芯所产生的分胀型力（法向分力）之和,kN;

　　　$A_分$——侧向活动型芯成型端面的投影面积,m^2;

　　　α——楔紧块的楔紧角,（°）。

对液压抽芯时分胀型力 $F_分$ 则按式（4-4）进行计算,即

$$F_分 = \sum (A_分 p \tan\alpha - F_插) \qquad (4\text{-}4)$$

式中:$F_插$——液压抽芯器的插芯力,kN。

如果液压抽芯器插芯力未知(未标明),则可按式（4-5）计算,即

$$F_插 = A_缸 p_g = \frac{\pi d_缸^2}{4} p_g \qquad (4\text{-}5)$$

式中:$A_缸$——液压抽芯器的液压缸截面积,m^2;

　　　$d_缸$——液压抽芯器的液压缸直径,m;

　　　p_g——压铸机液压系统的管路工作压力,kPa。

生产中压铸模的实际压力中心与锁模力中心在很多情况下是不一致(偏心)的,此时锁模力就需要按面积矩来进行计算(参见图 4-10),其计算方法如下:

$$F' = F(1 + 2e) \qquad (4\text{-}6)$$

$$e = \left(\sum C_i / \sum A_i - L/2 \right)/L \qquad (4\text{-}7)$$

$$C_i = A_i B_i \qquad (4\text{-}8)$$

式中:F'——压力中心与锁模力中心不一致(偏心)时压铸机应有的锁模力,kN;

　　　e——型腔投影面积重心最大水平或垂直偏移率;

　　　L——拉杠中心距,mm;

　　　A_i——铸件、流道和余料的投影面积,mm^2;

　　　C_i——面积 A_i 对底部拉杠中心的面积矩,mm^3;

　　　B_i——面积 A_i 的重心到底部拉杠中心的距离,mm。

下面以图 4-10 所示为例具体说明计算过程,计算数据见表 4-5。

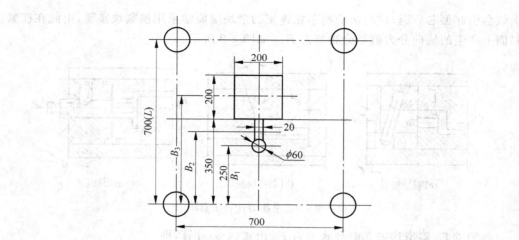

图 4-10   压力中心与锁模力中心偏心时的锁模力 F' 计算示意图

表 4-5   按面积矩计算锁模力

序号	计算内容	A_i/mm^2	B_i/mm	$C_i = A_iB_i/mm^3$
1	铸件	40000	450	18000000
2	流道	1400	315	441000
3	余料	2827	250	706750
4	$\sum$	44227		19147750

底部拉杠中心到实际压力中心的距离 $= \sum C_i / \sum A_i = 19147750/44227 = 432.9(mm)$

垂直偏心距 $= \sum C_i / \sum A_i - L/2 = 432.9 - 700/2 = 82.9(mm)$

垂直偏心率 $e = \left(\sum C_i / \sum A_i - L/2 \right)/L = 82.9/700 = 0.118$

水平偏心率 $e = 0$

则

$$F' = F(1+2e) = F(1+2\times0.118) = 1.236F$$

由此可见,本例条件下由于实际压力中心与锁模力中心偏心,压铸机应有的锁模力需比其同心时约大 24%。

4.3.2   压室容量核算

根据锁模力初步选定压铸机后,相应的压射比压和压室尺寸也就得到初步的确定。但是压室最大允许容量是否满足每次合金液浇注量要求,还需按下式进行核算:

$$G > G_j \tag{4-9}$$

$$G = K\rho\pi d^2 L/4 \tag{4-10}$$

式中:G——压室容量,kg;

G_j——每次浇注质量(铸件、浇注系统、排溢系统质量之和),kg;

K——压室充满度,一般取 $K = 60\% \sim 80\%$;

ρ——液态合金密度, kg/m^3;

d——压室直径, m;

L——压室长度(包括浇口套长度), m。

4.3.3　模具厚度核算

压铸机合模机构的调整范围是有一定限度的,即对应于一台压铸机,压铸模的厚度是有限制的。因此,选定压铸机后必须对压铸模的厚度进行校核,以保证合模后分型面紧密接合且被锁紧。核算的公式为

$$H_{min} + (5 \sim 10) \leqslant H \leqslant H_{max} - (5 \sim 10) \tag{4-11}$$

式中: H——模具合模后的厚度, mm;

H_{min}——压铸机允许的最小模具厚度, mm;

H_{max}——压铸机允许的最大模具厚度, mm。

4.3.4　开模行程/动模座板行程核算

开模行程/动模座板行程实际上就是开模后模具分型面之间的最大距离。核算开模行程也就是核算开模后是否具有足够的取件空间。如图 4-11 所示,开模行程应满足的条件为

$$L \geqslant H_3 + H_4 + \delta + 2a \tag{4-12}$$

式中: L——开模行程/动模座板行程, mm;

H_3——动模成型部件凸出分型面的最大高度, mm;

H_4——定模成型部件凸出分型面的最大高度, mm;

δ——铸件(包括浇注系统)总厚度, mm;

a——铸件与动模、定模之间的最小取件间距,一般情况下取 $a = 5mm$。

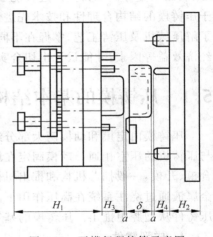

图 4-11　开模行程核算示意图

思考题

1. 压铸机的分类依据是什么? 压铸机的主参数是什么? 压铸机的基本参数包括哪些?

2. 叙述型号为 J1513A 和 J1125D 的两种压铸机所表示的意义。

3. 压铸机主要由哪些机构组成? 其作用是什么?

4. 曲肘合模机构具有"自锁"特性,其原理是什么?

5. 如何选用压铸机? 选用压铸机需要计算哪些参数?

第 5 章

压铸模的基本结构及分型面设计

压铸模是保证压铸件质量的重要的工艺装备,它直接影响着压铸件的形状、尺寸、精度、表面质量等。压铸生产过程能否顺利进行,压铸件质量有无保证,在很大程度上取决于压铸模的结构合理性和技术先进性。在压铸模设计过程中,必须全面分析压铸件结构,了解压铸机及压铸工艺,掌握在不同压铸条件下的金属液充填特性和流动行为,并考虑到经济效益等因素,才能设计出切合实际并满足生产要求的压铸模。

5.1 压铸模的基本结构

压铸模由定模和动模两大部分组成。定模固定在压铸机的定模安装板上,浇注系统与压铸机的压室相通。动模固定在压铸机的动模安装板上,随动模安装板移动而与定模合模、开模,一般抽芯机构和推出机构设在动模部分。合模时,动模与定模闭合形成型腔,金属液通过浇注系统在高压作用下高速充填型腔;开模时,动模与定模分开,推出机构将压铸件从型腔中推出。压铸模的基本结构如图 5-1 所示。

1. 成型零件

成型零件是决定压铸件几何形状和尺寸精度的零件。形成压铸件外表面的称为型腔,形成压铸件内表面的称为型芯。如图 5-1 中的定模镶块 13、动模镶块 22、型芯 15、活动型芯 14。

2. 浇注系统

浇注系统连接压室与模具型腔,引导金属液进入型腔的通道。由直流道、横流道、内浇口组成。如图 5-1 中浇口套 19、导流块 21 组成直流道,横流道、内浇口开设在动、定模镶块上。

3. 溢流、排气系统

溢流、排气系统用于排除压室、流道和型腔中的气体,储存前流冷金属液和涂料残渣的处所,包括溢流槽和排气槽,一般开设在成型零件上。

4. 模架

模架将压铸模各部分按一定规律和位置加以组合和固定,组成完整的压铸模具,并使压铸模能够安装到压铸机上进行工作的构架。通常可分为以下 3 个部分。

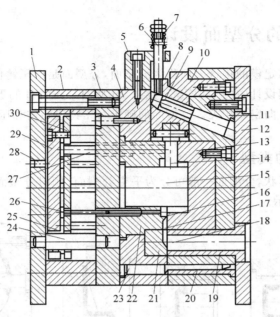

图 5-1　压铸模的基本结构

1—动模座板；2—垫板；3—支承板；4—动模套板；5—限位块；6—螺杆；7—弹簧；8—滑块；
9—斜销；10—楔紧块；11—定模套板；12—定模座板；13—定模镶块；14—活动型芯；
15—型芯；16—内浇口；17—横浇道；18—直浇道；19—浇口套；20—导套；
21—导流块；22—动模镶块；23—导柱；24—推板导柱；25—推板导套；
26—推杆；27—复位杆；28—限位钉；29—推板；30—推杆固定板

（1）支承与固定零件。包括各类套板、座板、支承板、垫块等起装配、定位、安装作用的零件，如图 5-1 中的动模座板 1、垫块 2、支承板 3、动模套板 4、定模套板 11、定模座板 12。

（2）导向零件。导向零件是确保动模、定模在安装和合模时精确定位，防止动模、定模错位的零件。如图 5-1 中的导柱 23、导套 20。

（3）推出机构。推出机构是压铸件成型后，将动模、定模分开，将压铸件从压铸模中脱出的机构。如图 5-1 中的推杆 26、复位杆 27、推板 29、推杆固定板 30、推板导柱 24、推板导套 25 等。

5．抽芯机构

抽芯机构是抽动与开合模方向运动不一致的活动型芯的机构，合模时完成插芯动作（型芯复位），在压铸件推出前完成抽芯动作。如图 5-1 中的限位块 5、螺杆 6、弹簧 7、滑块 8、斜销 9、楔紧块 10、活动型芯 14 等。

6．加热与冷却系统

为了平衡模具温度，使模具在合适的温度下工作，压铸模上常设有加热与冷却系统。

除上述几部分之外，压铸模内还有其他部件，如紧固用的螺栓及定位用的销钉等。

5.2 压铸模的分型面设计

压铸模的动模与定模的接合表面称为分型面,分型面是由压铸件的分型线所决定的。分型面设计是压铸模设计中的一项重要内容。分型面与压铸件的形状和尺寸、压铸件在压铸模中的位置和方向密切相关。分型面的确定对压铸模结构和压铸件质量将产生很大的影响。

5.2.1 分型面的类型

按照分型面的形状,分型面一般可分为平直分型面、倾斜分型面、阶梯分型面和曲面分型面,如图 5-2 所示。

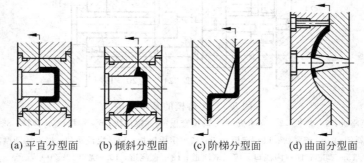

(a) 平直分型面   (b) 倾斜分型面   (c) 阶梯分型面   (d) 曲面分型面

图 5-2 分型面的类型

压铸模通常只有一个分型面,称为单分型面压铸模。但有时由于压铸件结构的特殊性,或者为满足压铸生产的工艺要求,往往需要再增设一个或两个辅助分型面,称为多分型面压铸模。多分型面可以由各种单分型面组合而成。

5.2.2 分型面的选择

同一个压铸件,分型面选择的不同,就可以设计出不同结构的压铸模,得到不同质量的压铸件。

1. 分型面的选择对压铸模和压铸件的影响

由图 5-3 所示的压铸件可以作出几个不同的分型面,现就以下 4 种分型面加以说明。

(1) 第一种分型面如图 5-4 所示,分型面作在对称面上,型腔处于动模和定模之间。压铸件外径圆柱部分难以保证不错位,另外,内径的成型还必须设置抽芯机构,这使得压铸模结构比较复杂。

(2) 第二种分型面如图 5-5 所示,型腔处于动模和定模之间(分型面左侧为定模、右侧为动模)。压铸件尺寸 d 与 d_2 在同一半模(动模)上,易达到同轴,但它们与 d_1 不易保证同轴;尺寸 H 精度偏低。

(3) 第三种分型面如图 5-6 所示,型腔处于定模内(分型面左侧为定模、右侧为动模)。压铸件尺寸 d_1 与 d_2 在同一半模(定模)上,易达到同轴,但尺寸 d 在动模型芯上形成,与 d_1、d_2 不易保证同轴;尺寸 h 和 H 基准都在分型面上,精度较高。

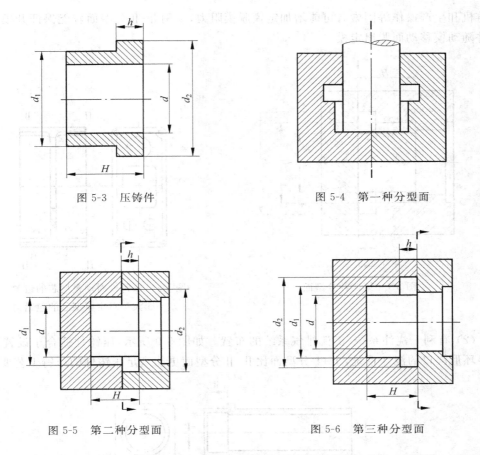

图 5-3　压铸件　　　　　　　　　图 5-4　第一种分型面

图 5-5　第二种分型面　　　　　　图 5-6　第三种分型面

　　（4）第四种分型面如图 5-7 所示，型腔处于动模内（分型面右侧为定模、左侧为动模）。压铸件尺寸 d、d_1 与 d_2 都在同一半模（定模）上，易达到同轴；尺寸 h 和 H 基准都在分型面上，精度较高。但压铸件脱模较为复杂。

　　这个例子说明，分型面的选择对压铸模结构和压铸件尺寸精度具有决定性的影响。分型面的选择对压铸模结构和压铸件质量的影响是多方面的，必须根据具体情况合理选择。

　　2.　分型面选择的基本原则

　　压铸模的分型面同时还是制造压铸模时的基准面。在选择分型面时，除根据压铸件的结构特点并结合浇注系统的安排布置外，还应对压铸件的脱模条件及压铸模的加工工艺等因素统筹考虑确定。分型面选择的基本原则如下。

　　（1）尽可能地使压铸件在开模后留在动模部分。由于压铸机动模部分设有推出装置，因此，必须保证压铸件在开模时随着动模移动而脱出定模。选择分型面时，应分析比较压铸件受动模成型零件和定模成型零件包紧力的大小，将包紧力较大的一端设置在动模部分。

　　如图 5-8 所示，利用压铸件对型芯 A 的包紧力略大于对型芯 B 的包紧力，中间型芯及四角小型芯与型芯 A 设在一起。压铸件可有Ⅰ-Ⅰ和Ⅱ-Ⅱ两个分型面供选择，考虑到压铸机和生产操作等因素有可能增加定模脱模阻力,采用Ⅱ-Ⅱ分型面较能保证开模时压铸件随动模移动而脱出定模。

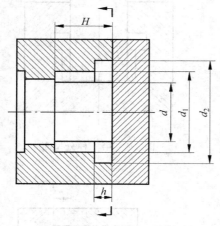

图 5-7   第四种分型面

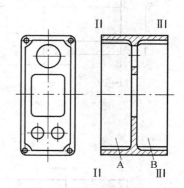

图 5-8   压铸件对动模型芯的包紧力
大于对定模型芯的包紧力

　　（2）有利于浇注系统、溢流排气系统的布置。如图 5-9 所示,压铸件适合于设置环形或半环形浇口的浇注系统,Ⅰ-Ⅰ分型面比Ⅱ-Ⅱ分型面更能满足压铸件的压铸工艺要求。

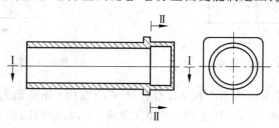

图 5-9   分型面应满足浇注系统的合理布置

　　如图 5-10 所示,分型面应使压铸模型腔具有良好的溢流排气条件,使先进入型腔的前流冷金属液和型腔内的气体进入溢流系统排出型腔。Ⅰ-Ⅰ分型面比Ⅱ-Ⅱ分型面有利于溢流槽和排气槽的设置。

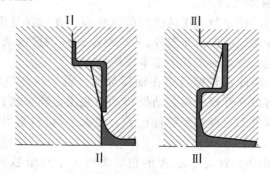

图 5-10   分型面有利于溢流排气系统设置

（3）保证压铸件的尺寸精度和表面质量。分型面应避免与压铸件基准面相重合，尺寸精度要求高的部位和同轴度要求高的外形或内孔应尽可能设置在同一半模（动模或定模）内。

如图 5-11 所示，A 为压铸件基准面，应选Ⅰ-Ⅰ作为分型面，这样即使分型面上有毛刺、飞边，也不会影响基准面的精度。

如图 5-12 所示，若压铸件外表面不允许留脱模斜度，为减少机加工量，应选Ⅱ-Ⅱ作为分型面；若压铸件外表面不允许有分型面痕迹，则应选Ⅰ-Ⅰ作为分型面。

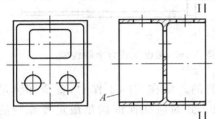

图 5-11　保证压铸件的尺寸精度

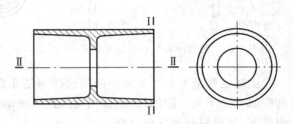

图 5-12　保证压铸件的表面质量

（4）简化模具结构、便于模具加工。分型面选择应考虑型腔的构成方案，尽量简化模具结构，便于成型零件和模具的加工。

如图 5-13 所示，压铸件若选择Ⅰ-Ⅰ分型面，则需要设置两个侧向插芯机构；而若选择Ⅱ-Ⅱ分型面，就不必设置侧向插芯机构，简化了模具结构。

如图 5-14 所示，若选择Ⅰ-Ⅰ分型面，压铸模的型腔较深，成型加工较为复杂；而若选择Ⅱ-Ⅱ分型面，型腔的成型加工就比较方便。

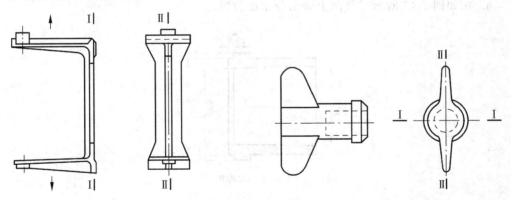

图 5-13　尽量减少侧向插芯结构　　　　　　图 5-14　便于成型零件成型加工

（5）避免压铸机承受临界载荷。如图 5-15 所示，压铸件不同方向的两个投影面积 $A > B$，若面积 A 接近压铸机所允许的最大投影面积，为避免压铸机承受临界载荷，应选择Ⅰ-Ⅰ作为分型面。

（6）考虑压铸合金的性能。压铸合金的性能影响压铸工艺性。同一几何尺寸的压铸件，压铸合金不同，分型面位置也不同。

如图 5-16 所示，细长管状压铸件，Ⅰ-Ⅰ分型面适用于锌合金；Ⅱ-Ⅱ分型面则适用于铝合金或铜合金。

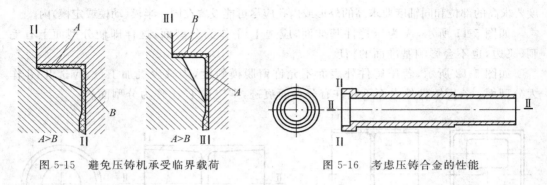

图 5-15   避免压铸机承受临界载荷   图 5-16   考虑压铸合金的性能

上述这些基本原则对分型面的选择都是非常重要的。但在实际工作中，要全部满足这些原则是不太可能的，经常会出现顾此失彼的现象。此时应在保证满足最重要原则的前提下，尽量照顾到其他原则。

思考题

1. 试分析压铸模的基本结构及各部分的主要零件。
2. 压铸过程中压铸模如何动作？
3. 什么是分型面？分型面有哪几种类型？在选择分型面时应注意哪些问题？
4. 你认为在选择分型面的基本原则中最重要的是哪条？
5. 在如图 5-17 所示零件图上画出分型面位置。

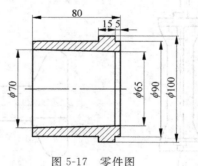

图 5-17   零件图

第 6 章

浇注系统及溢流、排气系统设计

6.1 浇注系统设计

金属液在压力作用下充填型腔的通道称为浇注系统。浇注系统对金属液流动的方向、溢流排气条件、压力的传递、充填速度、模具的温度分布、充填时间的长短等各个方面都起着重要的控制与调节作用。浇注系统不仅决定了金属液流动的状态,而且是影响压铸件质量的重要因素。同时,浇注系统对生产效率、压铸模寿命、压铸件清理等都有很大的影响。只有在浇注系统确定后才能确定压铸模的总体结构。设计浇注系统时,不仅要认真分析压铸件的结构特点、技术要求、合金种类及其特性,还要考虑压铸机的类型和特点,才能设计出合理的浇注系统。

6.1.1 浇注系统的结构与分类

1. 浇注系统的结构

浇注系统主要由直流道、横流道、内浇口和余料组成。压铸机的类型及引入金属液的方法不同,浇注系统的结构也不同。图 6-1 所示是各种类型的压铸机常用浇注系统的结构。

立式冷压室压铸机浇注系统如图 6-1(a)所示,由直流道、横流道、内浇口和余料组成。在开模之前,余料必须由反料冲头先从压室中将其切断并顶出。

卧式冷压室压铸机浇注系统如图 6-1(b)所示,由直流道、横流道、内浇口组成,余料与直流道合为一体,开模时,整个浇注系统和压铸件随动模一起脱离定模。

热压室压铸机浇注系统如图 6-1(c)所示,由直流道、横流道、内浇口组成,由于压室与坩埚直接连通,所以没有余料。

全立式冷压室压铸机浇注系统如图 6-1(d)所示,由直流道、横流道、内浇口组成,余料与直流道合为一体。

2. 浇注系统的分类

按照金属液进入型腔的部位和内浇口的形状,浇注系统一般可分为侧浇口、中心浇口、直接浇口、环形浇口、缝隙浇口和点浇口等。

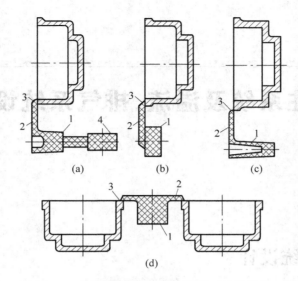

图 6-1　各种类型压铸机常用浇注系统的结构
1—直浇道；2—横浇道；3—内浇口；4—余料

（1）侧浇口

侧浇口一般开设在分型面上，按压铸件结构特点，可布置在压铸件外侧或内侧。侧浇口适用于板类、盘类或型腔不太深的壳体类压铸件，可用于单型腔模，也可用于多型腔模。侧浇口适用性广，浇口去除方便，应用最为普遍。图 6-2 所示为几种不同形式的侧浇口。

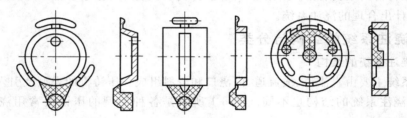

图 6-2　侧浇口

（2）中心浇口

顶部带有通孔的筒类或壳体类压铸件，内浇口开设在孔口处，同时在中心设置分流锥，这种形式的浇注系统称为中心浇口。中心浇口充填时金属液从型腔的中心部位导入，流程短、排气通畅；压铸件和浇注系统、溢流系统在模具分型面上的投影面积小，可改善压铸机的受力状况；模具结构紧凑；浇注系统金属消耗量较少。缺点是浇口去除比较困难，一般需要切除。中心浇口适用于立式冷压室压铸机或热压室压铸机，用于卧式冷压室压铸机时，压铸模要添加一个辅助分型面。图 6-3 所示为中心浇口。

（3）直接浇口（或称顶浇口）

这是中心浇口的一种特殊形式。顶部没有孔的筒类或壳体类压铸件不能设置分流锥，直流道与压铸件的连接处即为内浇口，如图 6-4 所示。由于内浇口截面积较大，有利于传递压力。缺点是压铸件与直流道连接处形成热节，易产生缩孔；浇口需要切除。

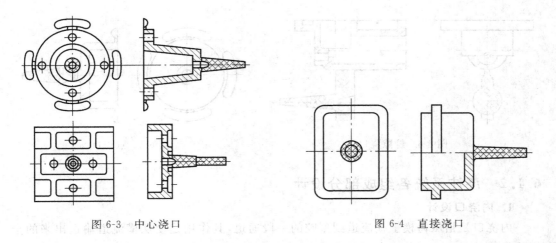

图 6-3　中心浇口　　　　　　　　图 6-4　直接浇口

（4）环形浇口

如图 6-5 所示，环形浇口适用于圆筒类或中间带孔的压铸件。金属液充满环形浇口后，再沿环形型腔壁充填型腔，可避免正面冲击型芯，排气条件良好，压铸件的内部质量及表面质量都较高。采用环形浇口时，往往在浇口的另一端开设环形的溢流槽，在环形浇口和环形溢流槽处可设置推杆，使压铸件上不留推杆的痕迹。缺点是浇注系统金属液消耗量较大，浇口需要切除。

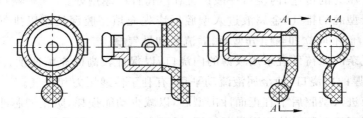

图 6-5　环形浇口

（5）缝隙浇口

缝隙浇口适用于型腔较深的模具，为了便于加工，常常在型腔部分垂直分型，如图 6-6 所示。内浇口设置在型腔深处，金属液呈长条缝隙状顺序充填型腔，排气条件较好。

（6）点浇口

作为中心浇口和直接浇口的一种特殊形式，点浇口适用于外形基本对称、壁厚较薄、高度不大、顶部无孔的压铸件，如图 6-7 所示。内浇口直径一般为 3～4mm，便于在顺序分型时拉断。但是，由于内浇口截面积小，金属液流速大，直接冲击型芯，容易产生飞溅和粘模现象。为了取出浇注系统凝料，在定模部分必须设计顺序分型机构，模具结构较为复杂。

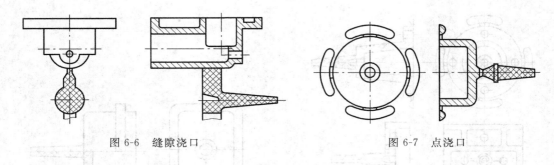

图 6-6   缝隙浇口   图 6-7   点浇口

6.1.2   浇注系统各组成部分设计

1. 内浇口设计

内浇口是指压铸模上横流道到型腔的一段通道,其作用是使从横流道输送出来的金属液加速并形成理想的流态而顺序地充填型腔。在浇注系统的设计中,内浇口的设计最为重要。内浇口的设计主要是确定内浇口的位置、形状和尺寸。要善于利用金属液充填型腔时的流动状态,使得压铸件的重要部位尽量减少气孔和疏松,压铸件的表面光洁、完整无缺陷。由于压铸件的形状复杂多样,涉及的因素非常多,设计时难以完全满足应遵循的原则,因此在内浇口设计时,实践经验是非常重要的因素。

(1) 内浇口设计的原则

① 有利于压力的传递,内浇口一般设置在压铸件的厚壁处。

② 有利于型腔的排气,金属液进入型腔后应先充填型腔深处难以排气的部位,然后充填其他部位,而不应立即封闭分型面、溢流槽和排气槽。

③ 薄壁复杂的压铸件宜采用较薄的内浇口,以保证较高的充填速度;一般结构的压铸件宜采用较厚的内浇口,使金属液流动平稳,有利于传递压力和排气。

④ 金属液进入型腔后不宜正面冲击型芯,以减少动能损耗,防止型芯冲蚀。

⑤ 金属液充填型腔时的流程尽可能短,以减少金属液的热量损失。

⑥ 内浇口的数量以单道为主,以防止多道金属液进入型腔后从几路汇合,相互冲击,产生涡流、裹气和氧化夹杂等缺陷。而大型压铸件、框架类压铸件和结构比较特殊的压铸件则可采用多道内浇口。

⑦ 压铸件上精度、表面粗糙度要求较高且不加工的部位不宜设置内浇口。

⑧ 内浇口的设置应便于切除和清理。

图 6-8 所示为压铸件内浇口设计方案示例。

图 6-8(a)所示为内浇口应具有适当的宽带,过宽(直流道与型腔切线连接)会使外侧金属液冲击两侧型腔壁后折返,再与中部金属液冲击,产生涡流、裹气和氧化夹杂等缺陷。过窄(直线连接)则会使中部金属液冲击型腔壁后沿两侧折返,在两侧产生缺陷。

图 6-8(b)、(d)、(e)所示为金属液进入型腔后不宜正面冲击型芯。

图 6-8(c)所示为金属液进入型腔后应先充填型腔深处难以排气的部位,然后充填其他部位,而不应立即封闭分型面、溢流槽和排气槽。

图 6-8(f)所示为金属液应顺着螺向充填型腔。

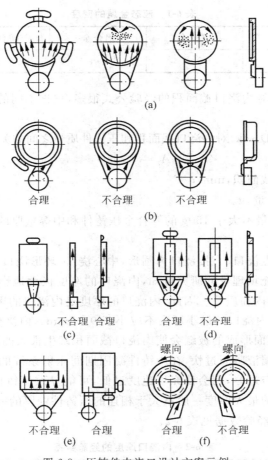

图 6-8　压铸件内浇口设计方案示例

（2）内浇口截面积计算

内浇口截面积的计算是内浇口设计中的一个重要环节，压铸技术研究人员通过理论推导，结合典型压铸件的试验结果，得出了内浇口截面积的理论计算和经验公式方法。

① 流量计算法。

$$A_g = \frac{V}{v_g \tau} \tag{6-1}$$

或

$$A_g = \frac{G}{\rho v_g \tau} \tag{6-2}$$

式中：A_g——内浇口截面积，m^2；

　　　V——通过内浇口的金属液（压铸件加溢流槽）体积，m^3；

　　　v_g——推荐的充填（型）速度，m/s，见表 2-37；

　　　τ——推荐的充填（型）时间，s，见表 2-40；

　　　G——通过内浇口的金属液（压铸件加溢流槽）质量，kg；

　　　ρ——液态金属的密度，kg/m^3，见表 6-1。

表 6-1　液态金属的密度

合金种类	锌合金	铝合金	镁合金	铜合金
$\rho/(kg/m^3)$	6.4	2.4	1.65	7.5

② 经验公式。计算内浇口截面积的经验公式很多,根据不同的条件可得出不同的经验公式。

例如,达伏克(W. Davok)对内浇口截面积和压铸件质量之间的关系提出的经验公式为

$$A_g = 0.18G \tag{6-3}$$

式中：A_g——内浇口截面积,mm^2;

　　　G——压铸件质量,g。

式(6-3)适用于质量不大于 150g 的锌合金压铸件和中等壁厚的铝合金压铸件。

（3）内浇口尺寸

内浇口的形状除点浇口、直接浇口为圆形,中心浇口、环形浇口为圆环形外,基本上为扁平矩形状。通过对充填理论的研究可知,内浇口的厚度极大地影响着金属液的充填形式,即影响着压铸件的内在质量。因此,内浇口的厚度是内浇口的重要尺寸。

① 内浇口厚度。内浇口的最小厚度不应小于 0.15mm。内浇口过薄,加工时则难以保证精度,压铸时分型面形成的披缝会使内浇口截面积发生很大的波动。此外,内浇口过薄还会使内浇口处金属液凝固过快,在压铸件凝固期间压射系统的压力不能有效地传递到压铸件上。但内浇口过厚,则会使充填速度过低,可能导致压铸件轮廓不清,切除内浇口也较麻烦。内浇口的最大厚度一般不大于相连的压铸件壁厚的一半。

a. 内浇口厚度的经验数据见表 6-2。

表 6-2　内浇口厚度的经验数据

铸件壁厚 b/mm	0.6~1.5		>1.5~3		>3~6		>6
合金种类	复杂件	简单件	复杂件	简单件	复杂件	简单件	
	内浇口厚度/mm						
铅、锡	0.4~0.8	0.4~1.0	0.6~1.2	0.8~1.5	1.0~2.0	1.5~2.0	(0.20~0.40)b
锌	0.4~0.8	0.4~1.0	0.6~1.2	0.8~1.5	1.0~2.0	1.5~2.0	(0.20~0.40)b
铝、镁	0.6~1.0	0.6~1.2	0.8~1.5	1.0~1.8	1.5~2.5	1.8~3.0	(0.40~0.60)b
铜	—	0.8~1.2	1.0~1.8	1.0~2.0	1.8~3.0	2.0~4.0	(0.40~0.60)b

b. 内浇口厚度和凝固模数的关系。为了使金属液充满型腔后在压力作用下凝固,要求在充型结束时内浇口只能有一半厚度凝固。内浇口厚度和凝固模数的关系如图 6-9 所示,图中的凝固模数可用式(6-4)计算,即

$$M = V/A \tag{6-4}$$

式中：M——凝固模数,cm;

　　　V——压铸件体积,cm^3;

　　　A——压铸件表面积,cm^2。

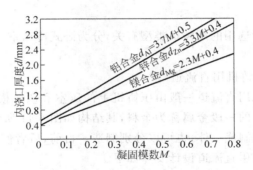

图 6-9　内浇口厚度 d 和凝固模数 M 的关系

对于壁厚基本均匀的薄壁压铸件,凝固模数约等于壁厚的 1/2。

② 内浇口的宽度和长度。内浇口的厚度确定后,根据内浇口的截面积即可计算出内浇口的宽度。根据经验,矩形压铸件一般取边长的 0.6～0.8 倍,圆形压铸件一般取外径的 0.4～0.6 倍。

在整个浇注系统中,内浇口的截面积最小(除直接浇口外),因此金属液充填型腔时,内浇口处的阻力最大。为了减少压力损失,应尽量减少内浇口的长度,内浇口的长度一般取 2～3mm。

(4) 内浇口与压铸件和横流道的连接方式

图 6-10 所示为内浇口与压铸件和横流道的连接方式。图 6-10(a)所示为内浇口、横流道和压铸件在同一侧的形式;图 6-10(b)所示为内浇口和压铸件在一侧,横流道在另一侧的形式;图 6-10(c)与图 6-10(b)类似,只是在横流道上增加了一个折角;在图 6-10(d)中,内浇口设在压铸件与横流道的接合处,称为搭接式内浇口;图 6-10(e)所示的形式与图 6-10(d)相类似,搭接处角度增大至 60°,适用于深型腔的压铸件;图 6-10(f)所示的形式适用于管状压铸件。

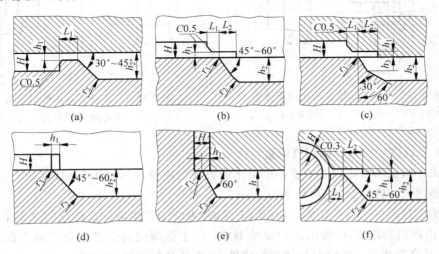

图 6-10　内浇口与压铸件和横浇口的连接方式

2. 直流道设计

直流道的结构与所选用的压铸机类型有关,分为卧式冷压室、立室冷压室和热压室压铸机用 3 种直流道。

(1) 卧式冷压室压铸机用直流道

卧式冷压室压铸机用直流道一般由压铸机上的压室和压铸模上的浇口套组成,在直流道中压射结束后留下的一段金属称为余料,其结构如图 6-11 所示。

压室和浇口套可以制成一体,也可以分别制造。目前,后者使用较多。

卧式冷压室压铸机用直流道设计要点如下。

① 直流道的直径(浇口套和压室的内径)D 根据压铸件所需的压射比压和压室充满度确定。

② 直流道的厚度 H 一般取 $H = \left(\dfrac{1}{3} \sim \dfrac{1}{2}\right)D$。

③ 直流道的脱模斜度取 $1°30' \sim 2°$,长度为 $15 \sim 25\text{mm}$,开设在浇口套靠近分型面一端的内孔上。

④ 浇口套的长度一般应小于压铸件压射冲头的跟踪距离,便于将余料从浇口套中推出。

⑤ 横流道入口应开设在浇口套的上方,防止金属液在压射前流入型腔。

⑥ 卧式冷压室压铸机采用中心浇口时,直流道的设计类同于立式冷压室压铸机。要求直流道位于浇口套内孔的上方,防止金属液在压射前流入型腔,如图 6-12 所示。

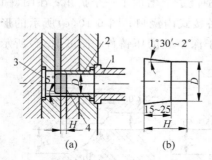

图 6-11 卧式冷压室压铸机用直浇道

1—压室;2—浇口套;3—分流锥;4—余料

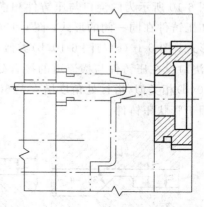

图 6-12 卧式冷压室压铸机采用
中心浇口的形式

(2) 立式冷压室压铸机用直流道

立式冷压室压铸机用直流道一般由压铸机上的喷嘴和压铸模上的浇口套、定模镶块和分流锥组成,其结构如图 6-13 所示。

从喷嘴导入口至最小环形截面(Ⅰ-Ⅰ截面)为整个直流道。直流道的 A 段由喷嘴形成,B 段由浇口套形成,C 段由定模镶块形成,Ⅰ-Ⅰ截面处的空腔由分流锥形成,直流道在 d_1 处与余料相连。喷嘴是压铸机的附件,备有几种规格以供选用。

立式冷压室压铸机用直流道设计要点如下。

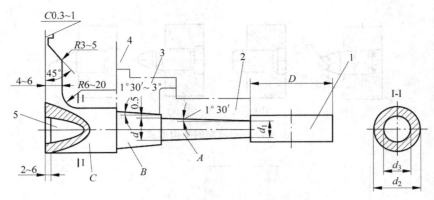

图 6-13　立式冷压室压铸机用直浇道
1—余料；2—喷嘴；3—浇口套；4—定模镶块；5—分流锥

① 根据内浇口截面积选择喷嘴导入口直径。喷嘴导入口小端截面积一般为内浇口截面积的 1.2～1.4 倍。

$$d_1 = 2\sqrt{\frac{(1.2 \sim 1.4)A_g}{\pi}} \tag{6-5}$$

式中：d_1——喷嘴导入口小端直径，mm；

　　　A_g——内浇口截面积，mm^2。

② A、B、C 各段均有脱模斜度，A 段为 $1°30'$，B 段为 $1°30' \sim 3°$，C 段脱模斜度根据镶块厚度来确定，镶块厚脱模斜度小，镶块薄则脱模斜度大。

③ 直流道各段连接处的直径单边放大 0.5～1mm。

④ 由定模镶块与分流锥形成的环形通道截面积一般为喷嘴导入口截面积的 1.2 倍左右，直流道底部分流锥的直径 d_3 一般可按式（6-6）计算，即

$$d_3 = \sqrt{d_2^2 - (1.1 - 1.3)d_1^2} \tag{6-6}$$

式中：d_2——直流道底部环形截面处的外径，mm；

　　　d_1——直流道小端（喷嘴导入口处）直径，mm。

并且要求

$$\frac{d_2 - d_3}{2} \geqslant 3 \tag{6-7}$$

⑤ 直流道与横流道连接处要求圆滑过渡，圆角半径一般取 $R5 \sim 20$mm，以使金属液流动顺畅。

分流锥的结构形式如图 6-14 所示。图 6-14（a）所示的圆锥形分流锥导向效果好，结构简单，应用较为广泛；图 6-14（b）所示的分流锥中心设置推杆，有利于推出直流道，推杆形成的间隙有利于排气；图 6-14（c）所示在圆锥面上设置凹槽的分流锥可增大金属液冷凝收缩时的包紧力，有助于将直流道从定模中带出；图 6-14（d）所示的偏心圆锥形分流锥适用于单型腔侧向分流的形式。

（3）热压室压铸机用直流道

热压室压铸机用直流道一般由压铸机上的喷嘴、压铸模上的浇口套、分流锥组成，其结构如图 6-15 所示。

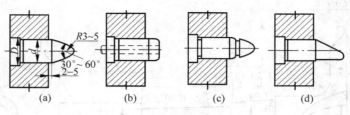

图 6-14   分流锥的结构形式

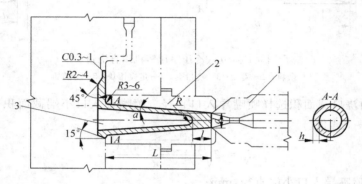

图 6-15   热压室压铸机用直浇道
1—喷嘴;2—浇口套;3—分流锥

热压室压铸机用直流道的分流锥比较长,用于调整直流道的截面积,控制金属液的流向及减少浇注系统金属的消耗量。

热压室压铸机用直流道设计要点如下。

① 根据压铸件的结构和质量选择直流道尺寸。

② 根据内浇口截面积选择喷嘴出口小端直径。一般喷嘴出口小端直径截面积为内浇口截面积的 1.1~1.2 倍。

③ 直流道环形截面 A-A 处壁厚,对于小型压铸件取 2~3mm,中型压铸件取 3~5mm。

④ 直流道的脱模斜度一般取 2°~6°。

⑤ 为适应热压室压铸机高效率生产的需要,通常在浇口套和分流锥内部设置冷却水道,如图 6-16 所示。

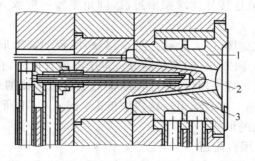

图 6-16   在浇口套和分流锥内部设置冷却水道
1—浇口套;2—分流锥;3—冷却水道

3. 横流道设计

横流道是压铸模上从直流道末端到内浇口之间的一段通道,有时横流道可划分为主横流道和过渡横流道,连接直流道的一段为主横流道,连接内浇口的一段为过渡横流道。横流道的作用是将金属液从直流道引入内浇口,同时横流道中的金属液还能改善模具热平衡,在压铸件冷却凝固时起到补缩与传递静压力的作用。因此,横流道的设计对获得优质压铸件起着重要的作用。

(1) 横流道的结构形式

横流道的结构形式和尺寸主要取决于压铸件的形状、大小、型腔个数以及内浇口的形式、位置、方向和流入口的宽度等因素。

卧式冷压室压铸机采用的横流道的结构形式如图 6-17 所示。

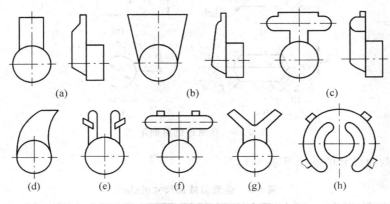

图 6-17　横流道的结构形式

卧式冷压室压铸机的横流道设置在直流道上方,以避免压室内的金属液在压射前自动流入型腔。图 6-17(a)所示为平直式;图 6-17(b)所示为扇形式(扩张式);图 6-17(c)所示为 T 形式;图 6-17(d)所示为圆弧收缩式;图 6-17(e)所示为平直分支式;图 6-17(f)所示为 T 形分支式;图 6-17(g)所示为分叉式;图 6-17(h)所示为圆周多支式。这些横流道中,图 6-17(a)～(d)适用于单型腔模具,图 6-17(e)～(h)适用于多型腔模具。模具设计时,可根据压铸件的具体结构、技术条件及生产效率等要求来选用。

(2) 横流道的设计要点

① 横流道截面积应从直流道起向内浇口方向逐渐缩小。如果在横流道中出现截面积扩大的现象,则金属液流过时会产生负压,必然会吸入分型面上的空气,从而增加金属液流动过程中的涡流。

② 横流道截面积在任何情况下都不应小于内浇口截面积。多型腔压铸模主横流道截面积应大于各分支横流道截面积之和。

③ 横流道应具有一定的厚度和长度。横流道过薄,则热量损失大;横流道过厚则冷却速度缓慢,影响生产率,增大金属消耗量。横流道具有一定的长度,可对金属液起到稳流和导向的作用。

④ 金属液通过横流道时的热量损失应尽可能小,以保证横流道在压铸件和内浇口之

后凝固。

⑤ 根据工艺上的需要可设置盲流道,以达到改善模具热平衡,容纳冷污金属液、涂料残渣和空气的目的。

（3）横流道的截面形状和尺寸

横流道的截面形状如图 6-18 所示。图 6-18(a)所示为扁梯形,金属液热量损失小,加工方便,应用广泛。图 6-18(b)所示为长梯形,适用于流道部位狭窄、金属液流程长以及多型腔的分支流道。图 6-18(c)所示为双扁梯形,金属液热量损失少,适用于流程特别长的流道。图 6-18(d)所示为圆形,热量损失最少,但加工不方便。

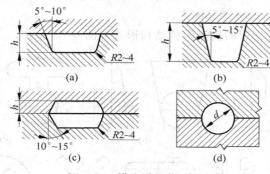

图 6-18   横流道的截面形式

横流道截面尺寸的选择见表 6-3。

表 6-3   横流道截面尺寸的选择

截 面 形 状	计 算 公 式	说　　　明
（图）	$b=3A_g/h$　　　　　（一般） $b=(1.25\sim1.6)A_g/h$　（最小） $h\geqslant(1.5\sim3)H$ $\alpha=10°\sim15°$ $r=2\sim3$	b——横流道长边尺寸,mm h——横流道深度,mm A_g——内浇口面积,mm^2 H——压铸件平均壁厚,mm α——脱模斜度,(°) r——圆角半径,mm

6.1.3   典型压铸件浇注系统分析

1. 圆盘类压铸件

号盘座压铸件的结构特征如图 6-19 所示,其浇注系统分析见表 6-4。

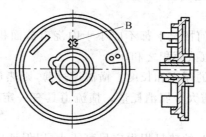

图 6-19   号盘座压铸件

表 6-4 号盘座浇注系统分析

简 图	分 析
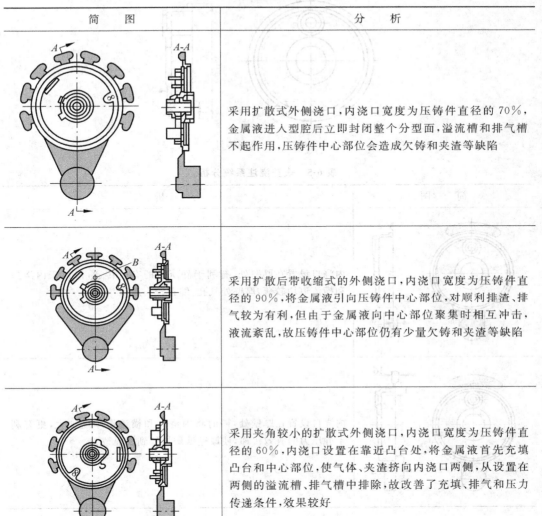	采用扩散式外侧浇口,内浇口宽度为压铸件直径的 70%,金属液进入型腔后立即封闭整个分型面,溢流槽和排气槽不起作用,压铸件中心部位会造成欠铸和夹渣等缺陷
	采用扩散后带收缩式的外侧浇口,内浇口宽度为压铸件直径的 90%,将金属液引向压铸件中心部位,对顺利排渣、排气较为有利,但由于金属液向中心部位聚集时相互冲击,液流紊乱,故压铸件中心部位仍有少量欠铸和夹渣等缺陷
	采用夹角较小的扩散式外侧浇口,内浇口宽度为压铸件直径的 60%,内浇口设置在靠近凸台处,将金属液首先充填凸台和中心部位,使气体、夹渣挤向内浇口两侧,从设置在两侧的溢流槽、排气槽中排除,故改善了充填、排气和压力传递条件,效果较好

号盘座压铸件为 $\phi80mm$ 的圆盘形,两面均有圆环形凸缘和厚薄不均匀的凸台,中心孔和 B 处镶有铜嵌件。压铸件总高度为 18mm,最薄处壁厚为 1.8mm。材料为 Y102 铝硅合金,压铸件上不允许有冷隔、夹渣等缺陷。

2.圆盖类压铸件

(1) 表盖压铸件的结构特征和浇注系统分析

表盖压铸件的结构特征如图 6-20 所示,其浇注系统分析见表 6-5。

表盖压铸件平均壁厚为 4mm,局部壁厚达 11mm。盖上需钻 $\phi18.2mm$ 的两个孔和 M2mm 的螺孔 8 个,厚壁处不允许有缩孔和气孔。材料为 Y102 铝硅合金。

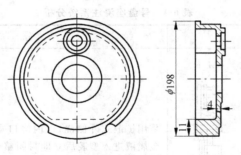

图 6-20　表盖压铸件

表 6-5　表盖浇注系统分析

简　图	分　析
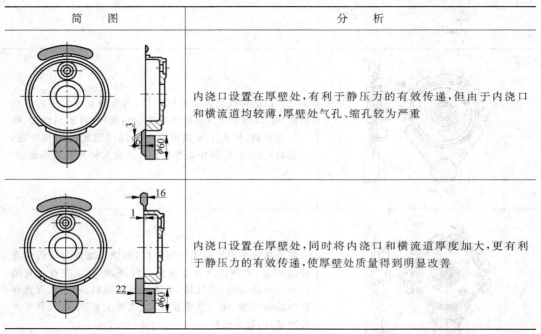	内浇口设置在厚壁处,有利于静压力的有效传递,但由于内浇口和横流道均较薄,厚壁处气孔、缩孔较为严重
	内浇口设置在厚壁处,同时将内浇口和横流道厚度加大,更有利于静压力的有效传递,使厚壁处质量得到明显改善

（2）底盘压铸件的结构特征和浇注系统分析

底盘压铸件的结构特征如图 6-21 所示,其浇注系统分析见表 6-6。

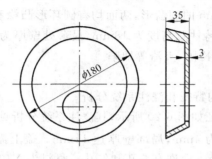

图 6-21　底盘压铸件

表 6-6　底盘浇注系统分析

简　图	分　析
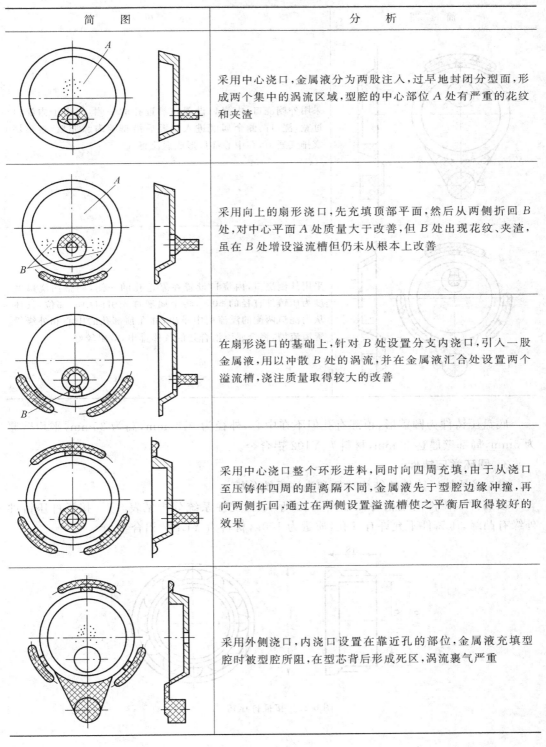	采用中心浇口,金属液分为两股注入,过早地封闭分型面,形成两个集中的涡流区域,型腔的中心部位 A 处有严重的花纹和夹渣
	采用向上的扇形浇口,先充填顶部平面,然后从两侧折回 B 处,对中心平面 A 处质量大于改善,但 B 处出现花纹、夹渣,虽在 B 处增设溢流槽但仍未从根本上改善
	在扇形浇口的基础上,针对 B 处设置分支内浇口,引入一股金属液,用以冲散 B 处的涡流,并在金属液汇合处设置两个溢流槽,浇注质量取得较大的改善
	采用中心浇口整个环形进料,同时向四周充填,由于从浇口至压铸件四周的距离隔不同,金属液先于型腔边缘冲撞,再向两侧折回,通过在两侧设置溢流槽使之平衡后取得较好的效果
	采用外侧浇口,内浇口设置在靠近孔的部位,金属液充填型腔时被型腔所阻,在型芯背后形成死区,涡流裹气严重

续表

简　图	分　析
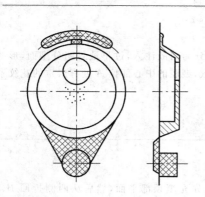	采用外侧浇口,内浇口设置在靠近孔的一侧,但由于内浇口过宽,浇口两侧金属液进入型腔后沿型腔内缘充填,过早堵塞排气通道,在中心部位形成涡流裹气
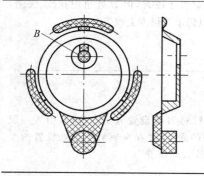	采用外侧浇口,内浇口设置在靠近孔的一侧,调整内浇口宽度为压铸件直径的 60%,将金属液首先引向中心部位,气体从内浇口两侧的溢流槽中排出,并在顶部孔的中心和外缘设置溢流槽,将金属液汇合处的气体排出,效果较好

底盘压铸件为圆盖形,顶部有孔但不在中心,外径为 $\phi180\text{mm}$,高为 35mm,平均壁厚为 3mm,局部壁厚达 22mm,材料为 Y102 铝合金。

3. 圆环类压铸件

（1）接插件压铸件的结构特征和浇注系统分析

接插件压铸件的结构特征如图 6-22 所示,其浇注系统分析见表 6-7。接插件压铸件外缘有凸缘,压铸件不允许有气孔,质量为 100g,材料为 YL107 铝合金。

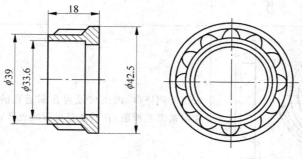

图 6-22　接插件压铸件

表 6-7　接插件浇注系统分析

简　图	分　析
	平面直注式浇口,金属液正面冲击型芯,易造成粘模,降低表面质量,降低模具使用寿命
	平面切线式浇口,金属液首先封闭分型面,型腔内气体不易排出,压铸件内有气孔产生
	反切线式浇口,金属液首先充填型腔深处,将气体挤向分型面,从溢流槽排气系统排出,不正面冲击型芯,又不过早封闭分型面,充填排气条件良好,可改善压铸件质量,提高模具使用寿命

（2）轴承保持器压铸件的结构特征和浇注系统分析

轴承保持器压铸件的结构特征如图 6-23 所示,其浇注系统分析见表 6-8。

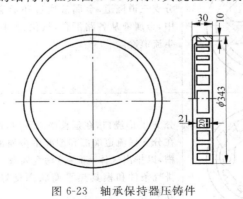

图 6-23　轴承保持器压铸件

轴承保持器压铸件为直径较大的圆环形厚壁件,外径为 $\phi343$mm,壁厚为 10mm,要求经切削加工后内部无气孔,表面不允许有裂纹、夹渣等缺陷。槽孔经受压力后不得有脱落,材料为变质处理 Y102 铝硅合金。

表 6-8 轴承保持器浇注系统分析

简 图	分 析
	切线浇口,金属液沿切线方向充填,气体从分型面排出,此方向可用于直径小于 $\phi 200mm$ 的压铸件
	平直浇口,金属液冲击型腔壁,容易导致型腔面冲蚀而引起粘模现象
	T 形浇口,将内浇口宽度增大,减小金属液冲击现象,改善充填、排气条件,在一定条件下可以使用
	分支三道浇道,金属液通过环形浇口进入型腔,在充填过程中,金属液从各路汇合,氧化、夹渣、气体等缺陷严重,表面产生流痕冷隔
	分支 T 形浇口,在延长横流道内,内浇口分段与压铸件相连。在分支横流道端部和型腔中金属液汇合处设置溢流槽、排气槽,以排出气体、储存冷污金属液。内浇口采用反注式,充填、排气条件和模具热平衡状态良好,是一种比较合理的设计方案

4. 筒类压铸件

导管压铸件的结构特征如图 6-24 所示，其浇注系统分析见表 6-9。

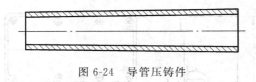

图 6-24　导管压铸件

表 6-9　导管浇注系统分析

简　图	分　析
A-A	平直侧浇口，金属液从平直方向注入，在两端设置环形溢流槽。由于金属液直接冲击型芯，流态紊乱，压铸件表面容易出现流痕、花纹等缺陷
A-A	切线端部侧浇口，金属液从一端切线方向充填型腔，在另一端设置环形溢流槽，并采用直流道改善模具热平衡状态。充填排气条件较好，有利于提高压铸件质量，去除浇口方便，但增加了金属液消耗量
	环形浇口，金属液从一端环形浇口注入，顺着型芯方向充填，在另一端设置环形溢流槽。充填排气条件较好，有利于提高压铸件质量
	环形浇口，金属液从一端环形浇口注入，顺着型芯方向充填，在另一端设置环形溢流槽。增加了直流道以改善模具热平衡状态。充填排气条件较好，有利于提高压铸件质量，表面光洁，但增加了金属液消耗量

导管压铸件为长筒管状，壁厚均匀，要求表面粗糙度较低。

5. 壳体类压铸件

罩壳压铸件的结构特征如图 6-25 所示,其浇注系统分析见表 6-10。

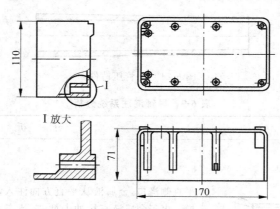

图 6-25　罩壳压铸件

罩壳压铸件为长方形壳体,型腔较深,顶部无孔,内腔有长凸台,壁厚较薄而均匀,一般为 2mm,材料为 YL102 铝硅合金。

表 6-10　罩壳浇注系统分析

简　图	分　析
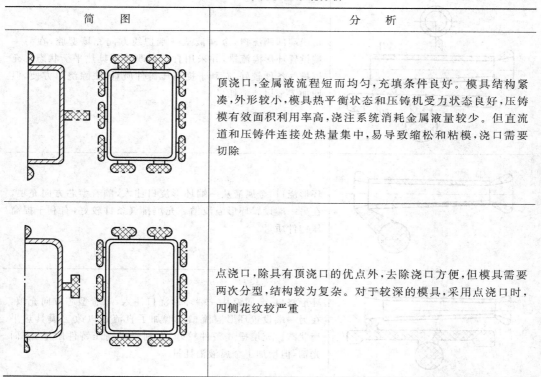	顶浇口,金属液流程短而均匀,充填条件良好。模具结构紧凑,外形较小,模具热平衡状态和压铸机受力状态良好,压铸模有效面积利用率高,浇注系统消耗金属液量较少。但直流道和压铸件连接处热量集中,易导致缩松和粘模,浇口需要切除
	点浇口,除具有顶浇口的优点外,去除浇口方便,但模具需要两次分型,结构较为复杂。对于较深的模具,采用点浇口时,四侧花纹较严重

续表

简　图	分　析
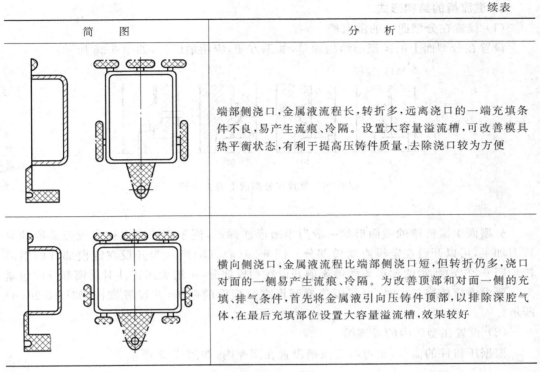	端部侧浇口,金属液流程长,转折多,远离浇口的一端充填条件不良,易产生流痕、冷隔。设置大容量溢流槽,可改善模具热平衡状态,有利于提高压铸件质量,去除浇口较为方便
	横向侧浇口,金属液流程比端部侧浇口短,但转折仍多,浇口对面的一侧易产生流痕、冷隔。为改善顶部和对面一侧的充填、排气条件,首先将金属液引向压铸件顶部,以排除深腔气体,在最后充填部位设置大容量溢流槽,效果较好

6.2　溢流、排气系统设计

　　压铸模中的溢流、排气系统包括溢流槽和排气槽。为了提高压铸件质量,在金属液充填型腔的过程中,应尽量排除型腔中的气体,排除混有气体和被涂料残余物污染的前流冷污金属液,这就需要设置溢流、排气系统。溢流、排气系统还可以弥补由于浇注系统设计不合理所带来的一些铸造缺陷。压铸模设计中通常将溢流、排气系统与浇注系统作为一个整体来考虑(参见典型压铸件浇注系统的分析)。

6.2.1　溢流槽设计

1. 溢流槽的作用

　　① 排除型腔中的气体,储存混有气体和涂料残渣的前流冷污金属液。

　　② 控制金属液的流动状态,防止局部产生涡流。

　　③ 调节模具的温度场分布,改善模具的热平衡状态。

　　④ 作为压铸件脱模时推杆推出的位置,防止压铸件变形,避免在压铸件表面留有推杆痕迹。

　　⑤ 设置在动模部分的溢流槽可增大压铸件对动模的包紧力,使压铸件在开模时随动模带出。

　　⑥ 作为压铸件存放、运输及加工时的支承、吊挂、装夹或定位的附加部分。

2. 溢流槽的结构形式

(1) 设置在分型面上的溢流槽

设置在分型面上的溢流槽结构简单,加工方便,应用最广泛,如图 6-26 所示。

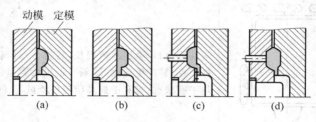

图 6-26　设置在分型面上的溢流槽

　　分型面上溢流槽的截面形状一般为半圆形或梯形,便于用球头立铣刀或带锥度的立铣刀加工,可以开设在定模或动模部分。图 6-26(a)、(b)所示为开设在定模部分的溢流槽。图 6-26(c)所示的梯形截面溢流槽开设在动模部分,可增大压铸件对动模部分的包紧力。要求溢流槽容量大时,可将溢流槽开设在分型面的两侧,并设置推杆,如图 6-26(d)所示。

(2) 设置在型腔内的溢流槽

根据压铸件的需要,也可将溢流槽设置在型腔内,如图 6-27 所示。

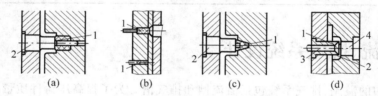

图 6-27　设置在型腔内的溢流槽

1—溢流槽;2—型芯;3—推杆;4—排气镶块

　　图 6-27(a)所示为利用阶梯形型芯形成的环形溢流槽,为了便于脱模,型芯小端应有较大的脱模斜度。图 6-27(b)所示为在型芯端部或动模部分开设的柱形溢流槽,在溢流槽底部设置推杆,既有利于推出压铸件,又有利于排气。图 6-27(c)所示为锥形溢流槽,其结构与环形溢流槽相似,更易于从定模中脱出。图 6-27(d)所示为用以排除型腔深处的气体和冷污金属液在型芯端部开设的锥形溢流槽,同时增设排气镶块排气,溢流槽的脱模由推杆推出。

3. 溢流槽的设计要点

① 溢流槽的设置应有利于排除型腔中的气体,排除混有气体和被涂料残余物污染的前流冷污金属液,改善模具的热平衡状态。

溢流槽的设置示例见表 6-11。

② 应便于从压铸件上去除溢流槽,并尽量不损坏压铸件的外观。

③ 注意避免在溢流槽和压铸件之间产生热节。

④ 一个溢流槽上不应开设多个溢流口或一个很宽的溢流口,以免进入溢流槽的金属

液倒流回型腔。

表 6-11　溢流槽的设置示例

设 置 部 位	结 构 简 图	说　　明
金属液最先冲击部位和内浇口两侧		在金属液最先冲击部位和内浇口两侧设置溢流槽,排除金属液前部的气体、冷污金属液,可稳定流态,减少涡流,并将折回内浇口两侧的气体、夹渣排除
型芯背部金属液汇合处		型芯背部区域是金属液在充填过程中被型芯阻止所形成的死角,也是由于气体和夹渣形成铸造缺陷之处,故经常设置溢流槽,以改善压铸件质量
多股金属液汇合处		在压铸过程中,由于压铸件结构和工艺条件所限,往往不能完全达到理想的流态,在多股金属液汇合处,也是气体、涂料残渣、冷污金属液最集中的区域,应设置溢流槽来改善充填、排气条件
金属液最后充填部位		在金属液最后充填部位,金属液温度和模具温度比较低,气体、夹渣较集中,故应设置溢流槽以改善模具热平衡状态,改善充填、排气条件

设置部位	结构简图	说　明
压铸件局部壁厚处	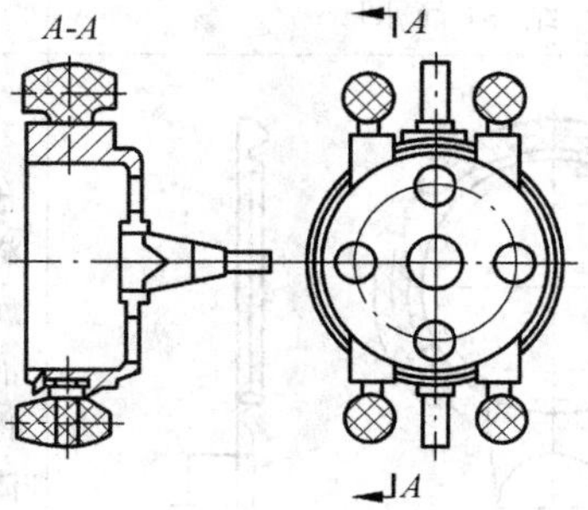	在压铸件局部壁厚处最易产生气体、缩松等缺陷，为了改善厚壁处的内部质量，经常需要采用大容量的溢流槽和较厚的溢流口，以充分地排除气体和夹渣，转移缩松部位，改善内部质量
主横流道的端部	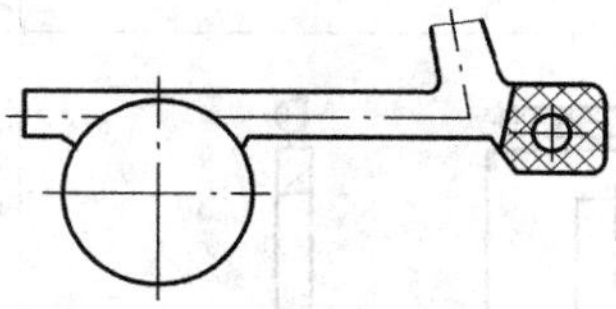	将冷污金属液、涂料残渣和气体储存在主横流道的大容量溢流槽中，同时对金属液的流态有一定的稳定作用

4. 溢流槽的容积和尺寸

（1）溢流槽的容积

按照充填型腔时金属液的流动方向和路径，将型腔划分为若干个区，每个区的一端为金属液的入口，另一端设置溢流槽。在理想状态下，流入一个区的金属液仅停留在这个区内，或通过这个区进入设置在另一端的溢流槽里。各个区之间没有明显的金属液流动。与各个区相邻的溢流槽的容积与相邻型腔区容积的关系见表 6-12。

表 6-12　溢流槽的容积与相邻型腔区容积的关系　　　　　单位：%

压铸件壁厚	溢流槽容积占相邻型腔区容积的百分比	
	压铸件具有较低的表面粗糙度值	压铸件表面允许少量折皱
0.90	150	75
1.30	100	50
1.80	50	25
2.50	25	25
3.20	—	—

注：① 特殊情况下，表中所列的数据应进行调整。

② 溢流口截面积一般不小于相邻区浇口的截面积。

③ 金属液每流过流道和型腔 250mm，溢流槽的容积还要在表中所列数据的基础上追加 20%。

（2）溢流槽的尺寸

推荐的梯形溢流槽尺寸见表 6-13。

表 6-13　推荐的梯形溢流槽尺寸

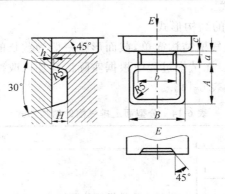

A/mm	a/mm	H/mm	h/mm			c/mm	b/mm	B/mm	F_y/cm²	V_y/cm³
			锌合金	铝合金 镁合金	铜合金					
12	5	6	0.6	0.7	0.9	0.6	8	12	1.58	0.89
							10	10	2.17	1.23
							12	20	2.74	1.55
16	6	7	0.7	0.8	1.1	0.8	10	16	2.89	1.91
							12	20	3.64	2.64
							14	25	4.56	3.00
25	8	10	1.0	1.2	1.5	1	15	25	7.10	6.71
							18	30	8.59	8.08
							22	35	10.16	9.48
30	9	12	1.1	1.3	1.6	1	18	30	10.24	11.60
							22	35	12.08	13.62
							26	45	15.44	17.40
35	10	14	1.3	1.5	1.8	1	20	35	14.06	18.49
							25	40	16.49	21.11
							30	50	20.05	26.34
40	10	16	1.5	1.8	2.2	1	25	40	17.99	27.32
							30	50	20.49	34.09
							35	60	26.99	40.88

注：F_y——溢流槽在分型面上的投影面积；V_y——溢流槽的容积。

6.2.2　排气槽设计

　　压铸生产时，金属液的充填速度非常高，型腔的充填时间非常短，型腔中的空气及涂料挥发产生的气体的排除是一个极其重要的问题。排气槽用于从型腔中排出空气及涂料挥发产生的气体，其设置的位置与内浇口的位置及金属液的流态有关。为了使型腔中的气体在压射时尽可能多地被金属液排出，应将排气槽设置在金属液最后填充的部位。排气槽一般与溢流槽配合，设置在溢流槽后端以加强溢流和排气的效果。此外，排气槽还可以在型腔的必要部位单独设置。

1. 排气槽的结构形式

（1）分型面上排气槽的结构形式

设置在分型面上的排气槽结构简单，截面形状一般为狭长的矩形，加工方便。分型面上的排气槽设置灵活，可以在试模过程中根据实际情况加以改变，因此应用最广泛。分型面上排气槽的结构形式见表 6-14。

表 6-14　分型面上排气槽的结构形式

结 构 简 图	说 　明
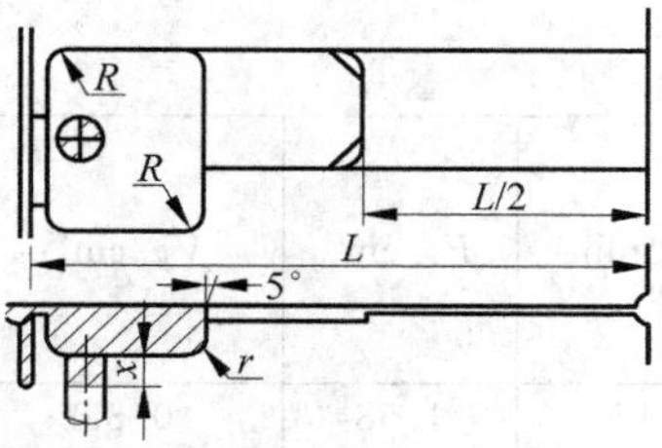	在溢流槽后端设置的排气槽与溢流口应错开布置，防止金属液过早堵塞排气槽； 贴近溢流槽部位的排气槽深度较大，有利于排气槽及溢流槽的充填。但要注意，不允许金属液在压铸时从排气槽中喷出
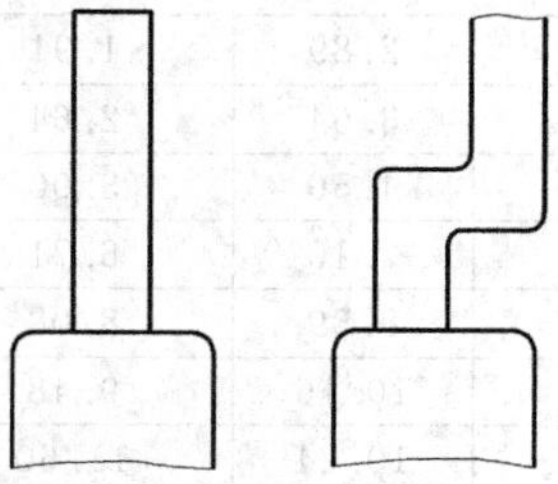	由分型面上直接从型腔引出的平直式及曲折式排气槽。 排气槽呈曲折形状，有利于防止金属液从排气槽中喷射出来

（2）利用型芯和推杆间隙设置排气槽的结构形式

利用型芯和推杆间隙设置排气槽的结构形式见表 6-15。

表 6-15　利用型芯和推杆间隙设置排气槽的结构形式

类　别	结 构 简 图	说 　明
型芯镶固部位间隙排气方式	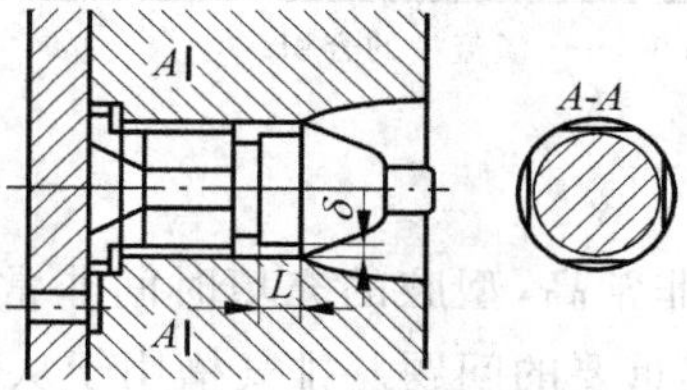	在型芯镶固部分形成间隙，型腔内的气体通过间隙进入环形槽，迅速排气，但排气间隙易被金属液堵塞 一般 δ 取 $0.04\sim 0.06$mm；L 取 $6\sim 10$mm

类　别	结 构 简 图	说　明
型芯端部间隙 排气方式	(a)　　　　(b)	型芯伸入对面的镶块,利用其配合间隙进行排气,排气间隙 δ 一般约为 0.05mm; L 一般取 10~15mm
推杆间隙 排气方式		在型芯的深腔部分设置推杆,利用推杆的配合间隙(一般为 e8~d8)进行排气

2. 排气槽的尺寸

排气槽的尺寸见表 6-16。

表 6-16　排气槽的尺寸　　　　　　　单位:mm

合金种类	排气槽深度	排气槽宽度	说　明
铅合金	0.05~0.10		1. 排气槽在离开型腔 20~30mm 后,可将其深度增大至 0.3~0.4mm,以提高其排气效果
锌合金	0.05~0.12		
铝合金	0.10~0.15	8~25	2. 需要增加排气槽面积时,以增大排气槽的宽带和数量为宜,不宜过分增加其深度,以防止金属喷出
镁合金	0.10~0.15		
铜合金	0.15~0.20		
黑色金属	0.20~0.30		

3. 排气槽的截面积

排气槽的截面积一般为内浇口截面积的 20%~50%,也可按式(6-8)进行计算,即

$$A_q = 0.00224 \frac{V}{\tau K} \tag{6-8}$$

式中: A_q——排气槽截面积,mm^2;

V——型腔和溢流槽的容积,cm^3;

τ——气体的排出时间,s,可近似按充填时间选取;

K——充型过程中,排气槽的开放系数, $K=0.1$~1;选取时应考虑下列因素:当压铸件小,金属液流速低,排气槽位于金属液最后充填处时, K 值取大些;反之, K 值取小些。

思考题

1. 浇注系统由哪几部分组成？各部分分别起什么作用？
2. 压铸模有哪几类浇注系统？各适用于哪些压铸件？
3. 一个压铸件是否可以设计几种不同的浇注系统？请举例分析。
4. 举例分析内浇口的设置位置对压铸件质量的影响。
5. 压铸模为什么要开设溢流槽？在什么部位开设溢流槽？
6. 压铸模为什么要开设排气槽？通常有哪几种排气方式？
7. 分流锥的作用是什么？

第 7 章

成型零件及模架设计

压铸模中构成型腔的零件,如定模镶块、动模镶块、型芯、活动型芯称为成型零件。一般情况下,浇注系统、溢流排气系统也加工在成型零件上。成型零件的加工精度和质量决定了压铸件的精度和质量。压铸过程中,成型零件直接受到高压、高速金属液的冲击和摩擦,容易发生磨损、变形和开裂,导致成型零件的破坏。因此,设计压铸模时,必须保证满足压铸件的要求,考虑到压铸模的使用寿命,合理地设计成型零件的结构形式,准确计算成型零件的尺寸和公差,并保证成型零件具有良好的强度、刚度、韧性及表面质量。

7.1 成型零件的结构及分类

压铸模成型零件的结构可分为整体式和镶拼式。

7.1.1 整体式结构

整体式结构成型部分的型腔直接在模块上加工而成,模块和型腔构成一个整体,如图 7-1 所示。

整体式结构压铸模的优点如下。

(1) 模具结构简单,外形尺寸小。

(2) 强度、刚度高,不易变形。

(3) 压铸件表面光滑平整,没有镶拼的痕迹。

(4) 便于开设冷却水道。

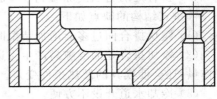

图 7-1 整体式结构

整体式结构压铸模的主要缺点如下。

(1) 不能合理使用模具材料。

(2) 型腔的局部损害会使得整个模块报废。

整体式结构适用于以下场合。

(1) 型腔较浅的小型单型腔压铸模。

(2) 用于形状较简单、精度要求不高、合金熔点较低的压铸件的模具。

(3) 压铸件生产批量较小,可不进行热处理的压铸模。

随着加工技术的提高,目前已很少采用整体式结构的压铸模。

7.1.2　镶拼式结构

　　成型部分的型腔和型芯由镶块镶拼,装入模具的套板内加以固定而成。根据镶块的组合情况,可分为整体镶块式和组合镶块式,如图 7-2 所示。这种结构形式在压铸模中得到广泛应用。

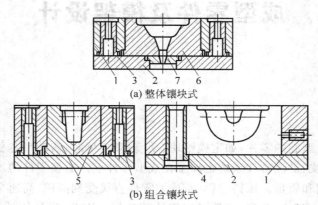

(a) 整体镶块式

(b) 组合镶块式

图 7-2　镶拼式结构

1—定模套板;2—定模座板;3—导套;4—浇口套;
5—组合镶块;6—整体镶块;7—浇道镶块

　　成型零件采用镶拼式结构的优点如下。

　　(1) 对于复杂的型腔可以分块进行加工,简化加工工艺,提高模具制造质量,容易满足成型部位的精度要求。

　　(2) 合理使用模具钢,降低模具制造成本。

　　(3) 有利于易损件的更换和修理,延长模具使用寿命。

　　(4) 更换部分镶块即可改变压铸模型腔的局部结构,满足不同压铸件的需要。

　　(5) 拼合处的适当间隙有利于型腔排气。

　　镶拼式结构的缺点如下。

　　(1) 镶块拼合面过多会增加装配时的困难,且难以满足较高的组合尺寸精度。

　　(2) 镶块拼合处的缝隙易产生飞边,既影响模具使用寿命,又会增加压铸件去毛刺的工作量,还会使模具的散热条件变差。

　　(3) 冷却水道开设不方便。

　　随着电加工、冷挤压加工等模具加工新工艺的发展及模具加工技术的不断提高,压铸模复杂型腔加工的难度逐渐得到克服。因此,在加工条件许可的情况下,除了为满足压铸工艺要求,如排除深腔内的气体或便于更换易损部分而采用组合镶块外,其余应尽可能采用整体镶块。

　　镶拼式结构适用于型腔较深、形状较复杂、单型腔或多型腔的较大的型压铸模。

7.1.3　镶拼式结构的设计要点

　　镶拼式结构的设计要点如下。

　　(1) 便于机械加工,以保证成型部位的尺寸精度和组合部位的配合精度。其结构形式见表 7-1。

表 7-1　便于机械加工的结构形式

镶块类型	推荐结构		不合理结构	
	图　例	说　明	图　例	说　明
环形斜面台阶圆形芯		型芯和镶件的内、外径及斜面均可在热处理后进行磨削,易于研光,保证质量		环形斜面台阶及相关型芯的外径难以机械加工成型,只能钳工成型,劳动强度高,精度低
直角较深的型腔		穿通的凹槽可以在热处理后进行磨削,易于研光,保证质量		A 面构成的直角处深腔难以机械加工,最后精加工必须用钳工修正,工作量大,且精度难以保证
两端小、中间大的半圆形型腔		分两件组合后,型腔便于机械加工		中间部位半圆形截面的型腔 A 处不易机械加工
异形圆环形型腔		圆环形槽由镶块构成,可以在热处理淬硬后磨削		A 处圆弧环形槽机械加工困难

镶块类型	推荐结构		不合理结构	
	图　例	说　明	图　例	说　明
环形型芯的球体镶块	 型芯 环形套	环形套与球体型芯镶块组合		环形型芯的球体难以机械加工
C形深腔局部镶块		型腔由圆形的深腔与局部突出的型芯组成,加工方便		C形深腔用一般的机械加工难以成型

（2）保证镶块和型芯的强度及提高镶块、型芯与模板相对位置的稳定性。其结构形式见表 7-2。

表 7-2　提高强度和相对位置稳定性的结构形式

镶块类型	推荐结构		不合理结构	
	图　例	说　明	图　例	说　明
细长型芯		型芯的一端固定,另一端插入另一半模内,增加型芯的刚度,防止型芯弯曲,也有利于排气		型芯的刚度差,易弯曲甚至发生断裂

续表

镶块类型	推荐结构		不合理结构	
	图 例	说 明	图 例	说 明
非圆形有台阶的型芯		型芯嵌入沉孔内,能承受金属液的压力与冲击,型芯固定方式稳定可靠		型芯的固定方式不牢靠,C 处易产生横向飞边,增加压铸件推出时的阻力
半圆形有台阶的镶块		半圆形有台阶的镶块嵌入沉孔内,能固定稳定可靠,为了保证精度,有利于磨削,凹槽可设计成穿通槽		仅靠螺钉固定,易发生位移,C 处易产生横向飞边

（3）镶块和型芯不应有锐角和薄壁,以防止镶块及型芯在热处理及压铸件生产时产生变形和裂纹。其结构形式见表 7-3。

表 7-3 避免锐角和薄壁的结构形式

镶块类型	推荐结构		不合理结构	
	图 例	说 明	图 例	说 明
半圆形型腔局部有平面		机械加工虽然复杂,但能保证镶块强度,而且使镶块间隙方向与出模方向一致		镶块边缘 A 处有锐角,影响模具寿命,易产生与出模方向不一致的飞边

续表

镶块类型	推 荐 结 构		不 合 理 结 构	
	图 例	说 明	图 例	说 明
两个距离较近,直径不一的型芯		一个型芯在镶块上整体做出,另一个用小型芯单独镶入,机械加工虽然复杂,但消除了薄壁现象,镶块强度高,使用寿命长		机械加工虽然简单,但整个型芯之间产生薄壁,镶块强度低,易出现材料热疲劳,热处理后易变形和产生裂纹

（4）镶块间隙处产生的飞边应与脱模方向一致有利于压铸件脱模。其结构形式见表7-4。

表 7-4　有利于压铸件脱模的结构形式

镶块类型	推 荐 结 构		不 合 理 结 构	
	图 例	说 明	图 例	说 明
较狭窄的平底面深型腔		镶拼间隙方向与压铸件出模方向一致,有利于压铸件出模。型腔的深度尺寸便于修正,在镶块上设置排气槽,有利于排除型腔气体		镶拼间隙方向与压铸件出模方向垂直,易产生横向飞边,致使压铸件滞留在定模内
底部窄槽的深型腔				

（5）便于更换和修理。镶块和型芯的个别凸凹易损部分、圆弧部分以及局部尺寸精度要求高的成型零件以及受金属液直接冲击的部位,应设计成单独的镶块以便于及时更换和维修。其结构形式见表7-5。

表 7-5　便于更换和维修的结构形式

镶块类型	推荐结构		不合理结构	
	图　例	说　明	图　例	说　明
局部受冲击较大的型芯	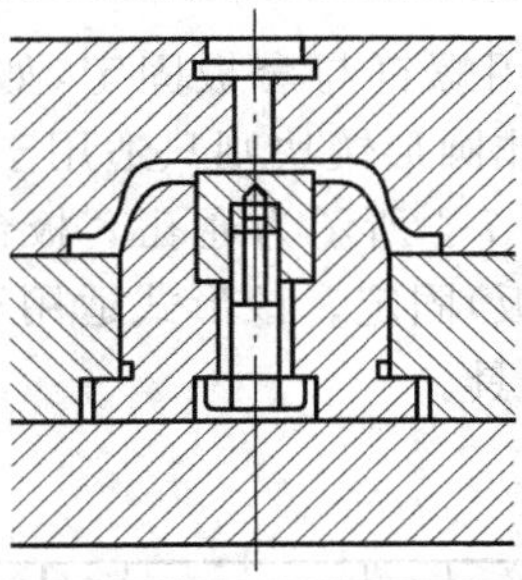	在无法避免直接冲击的部位可采用局部镶块,便于制造和更换	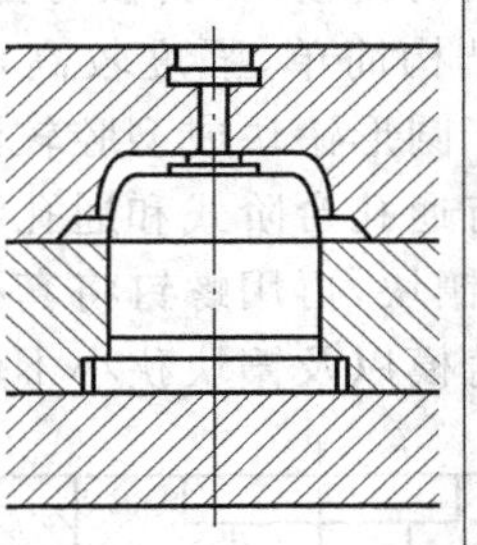	在金属液长期冲击下的型芯极易损坏,若更换整个型芯,浪费工时和材料
局部易弯曲或折断的型芯	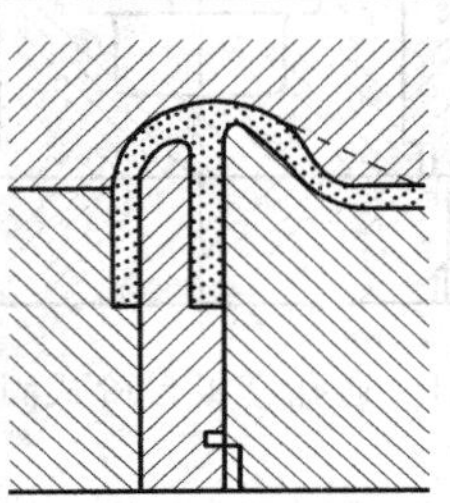	对于突出的易损部位采用镶块组合,有利于机械加工和热处理,弯曲、折断时更换方便	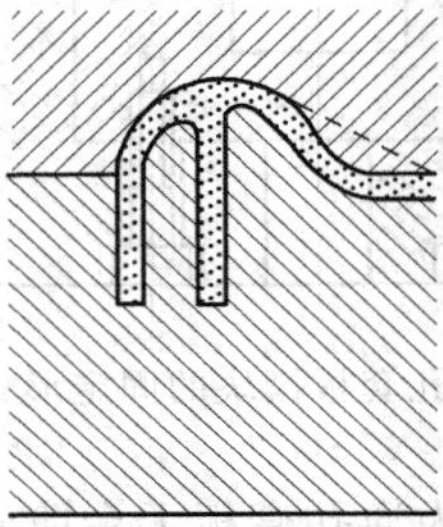	整个型芯上局部有细长的突出成型部位,很容易弯曲和折断,损害后不易修复

（6）不影响压铸件外观,便于去除飞边。设计镶块和型芯时,应尽可能减少在压铸件上留下的镶拼痕迹,以免影响压铸件外观。镶块的拼接位置应选择在压铸件的外角上,便于去除飞边,保证压铸件表面平整。其结构形式见表 7-6。

表 7-6　保证压铸件表面平整、便于去除飞边的结构形式

镶块类型	推荐结构		不合理结构	
	图　例	说　明	图　例	说　明
镶块拼接在型腔的底部	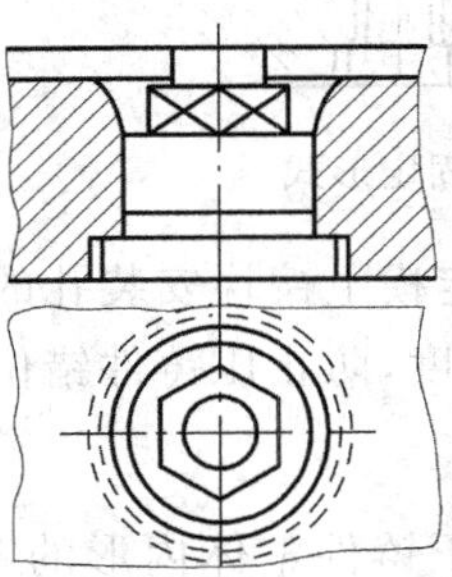	镶块拼接在压铸件外角处,可保持压铸件平面的平整。飞边留在边缘上去除方便,不影响压铸件外观	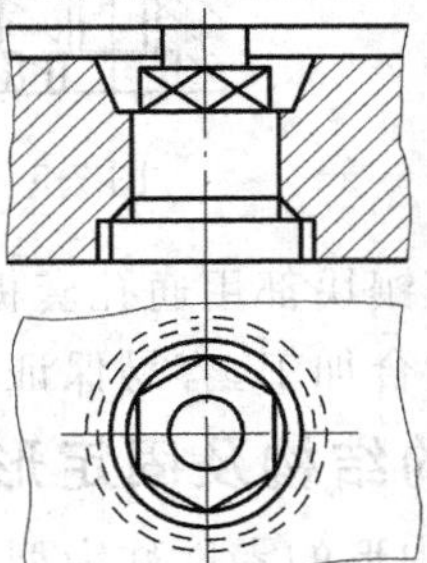	压铸件的平面上残留镶块痕迹,去除飞边时破坏光滑表面,影响压铸件外观
	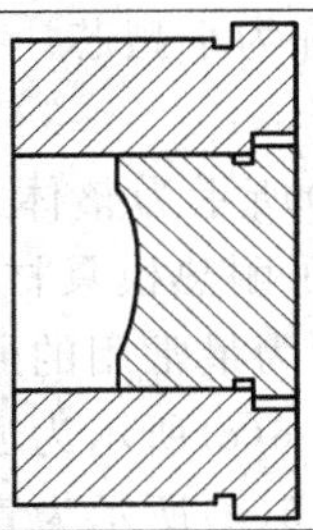		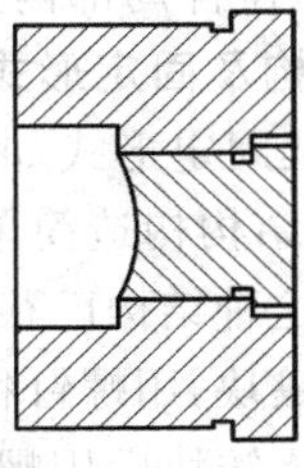	镶块拼接在圆弧和直线相交的压铸件内角处,飞边去除困难,影响压铸件外观

7.1.4　镶块的固定形式

镶块固定时必须保持与相关的零件有足够的稳定性，还要求便于加工和装卸。镶块通常安装在模具的套板内，套板有盲孔和通孔两种。

盲孔套板结构简单，强度较高，镶块镶入套板后用螺钉与套板固定，如图7-3所示。该形式主要用于圆形镶块或型腔较浅的压铸模，对于非圆形镶块则只适用于单型腔模具。

通孔套板有通孔台阶式和通孔无台阶式两种。图7-4所示为通孔套板台阶式固定形式，用台阶压紧镶块，再用螺钉将套板和支承板（或座板）固定。该形式适用于型腔较深或一模多腔的压铸模以及镶块狭小不便用螺钉紧固的模具。

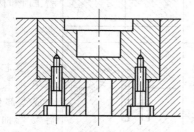

图7-3　盲孔套板镶块的固定形式

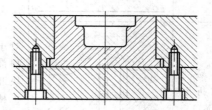

图7-4　通孔套板台阶式固定形式

图7-5所示为通孔套板无台阶式固定形式，镶块与支承板（或座板）直接用螺钉固定。这种形式在调整镶块的厚度时不受台阶的影响，加工比较方便。

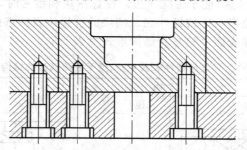

图7-5　通孔套板无台阶式固定形式

若动模、定模镶块都用通孔套板固定，则动模及定模上镶块安装孔的形状和大小都应该一致，以便于组合加工，容易保证动模、定模的同轴度，防止压铸件错位。

7.1.5　型芯的结构及固定形式

成型压铸件内形的零件称为型芯。一般将成型压铸件整体内形的零件称为主型芯，或称为凸模；成型压铸件局部内形如局部孔、槽的零件称为小型芯。

1. 主型芯的结构及固定形式

主型芯的结构及固定形式如图7-6所示。图7-6(a)所示为整体式结构，主型芯与模板制成一体，整体式结构构造简单，加工方便，但是造成了耐热模具材料的浪费，在热处理时还容易变形，因此这种结构已很少采用；图7-6(b)所示为最常用的通孔台阶式结构及固定形式，主型芯镶入镶块，用螺钉将镶块与模板固定；图7-6(c)所示为通孔无台阶式结构及固定形式，主型芯镶入镶块后用螺钉固定在模板上；图7-6(d)所示为盲孔无台阶式结构及固定形式,主型芯以一定的配合镶入镶块后用螺钉固定在镶块上,适用于镶块较厚的场合。

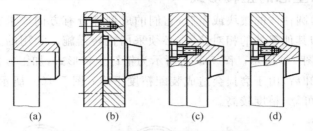

图 7-6　主型芯的结构及固定形式

2. 小型芯的结构及固定形式

小型芯通常单独制造加工,然后再镶入动模、定模镶块或主型芯镶块中构成成型部件。小型芯普遍采用台阶式结构,加工方便,结构稳定、可靠。常用的圆形小型芯的固定形式如图 7-7 所示。图 7-7(a)所示为应用最广泛的台阶式固定形式;图 7-7(b)所示为加强式,适用于细长型芯,为增加型芯的强度,将非成型部分的直径放大;图 7-7(c)所示为接长式,适用于小型芯在特别厚的镶块内的固定形式;图 7-7(d)所示为螺塞式,当小型芯后面无模板时,可采用螺塞固定型芯;图 7-7(e)所示为螺钉式,适用于在较厚的镶块内固定较大的圆形型芯或异形型芯。

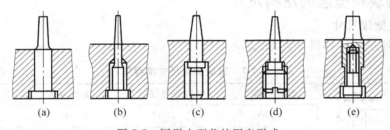

图 7-7　圆形小型芯的固定形式

异形小型芯的固定形式如图 7-8 所示。图 7-8(a)所示为带凸肋的异形型芯,型芯固定部分直径 d 应小于型芯最小轮廓直径 D,使型芯加工时便于磨削。镶块上,型芯固定孔直径 d' 应大于型芯最大轮廓直径 D',以缩短型芯固定孔的配合长度,便于加工;图 7-8(b)所示为加强型异形型芯,对于细而长的异形型芯,型芯非成型部位直径应大于型芯最大轮廓直径,加工成圆弧过渡,以加强型芯的刚度。

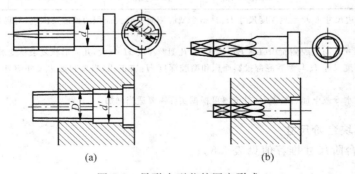

图 7-8　异形小型芯的固定形式

7.1.6　镶块和型芯的止转形式

当固定部分为圆柱体的镶块或型芯,它们的成型部分有方向要求时,为了保持动模、定模镶块或型芯与其他零件的相对位置,必须采用止转措施。常用的止转形式为销钉止转和平键止转,如图 7-9 所示。图 7-9(a)所示为销钉止转形式,加工方便,应用广泛,但因接触面小,多次拆卸后,由于磨损会造成装配精度下降;图 7-9(b)所示为平键止转形式,接触面较大,定位可靠,精度较高。

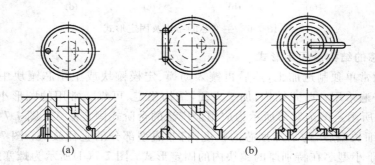

(a)　　　　　　　　　　　(b)

图 7-9　镶块和型芯的止转形式

7.1.7　镶块和型芯的结构尺寸

1. 镶块壁厚尺寸

镶块壁厚尺寸推荐值见表 7-7。

表 7-7　镶块壁厚尺寸推荐值　　　　　　　　单位:mm

型腔长度 L	型腔深度 H_1	镶块厚度 h	镶块底厚 H
≤80	5～50	15～30	≥15
>80～120	10～60	20～35	≥20
>120～160	15～80	25～40	≥25
>160～220	20～100	30～45	≥30
>220～300	30～120	35～50	≥35
>300～400	40～140	40～60	≥40
>400～500	50～160	45～80	≥45

注:① 型腔长边尺寸 L 及型腔深度尺寸 H_1 是整个型腔侧面中较大面积的长度及深度,对局部较小的凹坑 A,查表时可以忽略不计。

② 镶块厚度尺寸 h 与型腔侧面积($L \times H_1$)成正比,凡型腔深度 H_1 较大,几何形状复杂易变形者,h 应取较大值。

③ 镶块底部厚度尺寸 H 与型腔底部投影面积和型腔深度 H_1 成正比,当型腔短边尺寸 B 小于 $1/3L$ 时,表中 H 值应适当减小。

④ 镶块内设有水冷或电加热装置时,其壁厚可根据实际需要适当增加。

2. 整体镶块台阶尺寸

整体镶块台阶尺寸推荐值见表 7-8。

表 7-8 整体镶块台阶尺寸推荐值 单位：mm

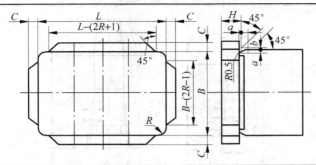

公称尺寸 L	厚度 H	宽度 C	沉割槽深度	沉割槽宽度	圆角半径 R
≤60	8～10	3.5	0.5	1	8
>60～150					10
>150～250	12～15	4.5	1		12
>250～360				1.5	15
>360～500	18～20	6			20
>500～630	20～25	8	1.5	2	25

注：① 根据受力状态台阶可设在四侧或长边的两侧。
② 对在同一套板安装孔内的组合镶块，其公称尺寸 L 是指装配后全部组合镶块的总外形尺寸。
③ 对薄片的组合镶块，为提高强度可取 $H≥15$，但不应大于套板高度的 1/3。

3. 组合式成型镶块固定部分长度

组合式成型镶块固定部分长度推荐值见表 7-9。

表 7-9 组合式成型镶块固定部分长度推荐值 单位：mm

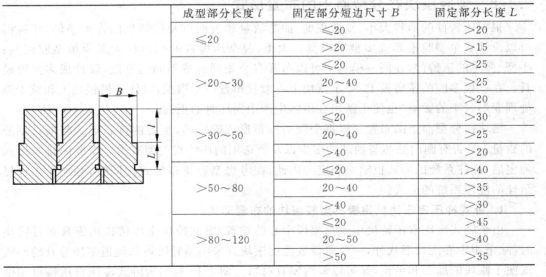

	成型部分长度 l	固定部分短边尺寸 B	固定部分长度 L
	≤20	≤20	>20
		>20	>15
	>20～30	≤20	>25
		20～40	>25
		>40	>20
	>30～50	≤20	>30
		20～40	>25
		>40	>20
	>50～80	≤20	>40
		20～40	>35
		>40	>30
	>80～120	≤20	>45
		20～50	>40
		>50	>35

4. 圆形型芯结构尺寸

圆形型芯结构尺寸推荐值见表 7-10。

表 7-10   圆形型芯结构尺寸推荐值

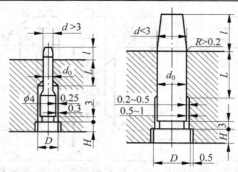

成型段直径 d	配合段直径 d_0	台阶直径 D	台阶厚度 H	配合段长度 L
≤3	4	8	5	6～10
>3～10		d_0+4	8	10～12
>10～18				15～25
>18～30		d_0+5	10	20～30
>30～50				25～40
>50～80	$d+(0.4～1)$	d_0+6	12	30～50
>80～120				40～60
>120～180		d_0+8	15	50～80
>180～260				70～100
>260～360		d_0+10	20	90～120

注：为了便于应用标准工具加工孔径 d_0，公称尺寸应取整数或标准铰刀的尺寸规格。

7.1.8   型腔镶块在分型面上的布置形式

根据压铸件的形状大小、复杂程度、抽芯数量和方向以及压铸机的许可条件，压铸模可以设计成单型腔模具或多型腔模具。大型、复杂压铸件的压铸模大多为单型腔模具；小型、简单的压铸件，在同一模具中可以布置多个相同的或不同的型腔，设计成多型腔模具。在一模多腔的压铸模上，一个镶块上一般只布置一个型腔，以便于机械加工和减少热处理变形带来的影响，也便于镶块在压铸生产中损坏时的更换。

镶块在分型面上的布置是根据型腔的排布形式确定的，型腔的排布形式与模具型腔的数量、是否有侧向抽芯与抽芯的多少以及所选用的压铸机类型有关。型腔的排布形式确定后，浇注系统的形式也随之确定。因此，在考虑型腔排布形式的同时，必须考虑选择最佳的浇注系统的形式。

1. 卧式冷压室压铸机用模具型腔镶块的布置形式

由于卧式冷压室压铸机压室与模板中心的偏置，卧式冷压室压铸机用模具布置镶块时，除采用中心浇口形式外，一般要设置流道镶块。采用型腔镶块与流道镶块分开的形式既便于镶块的加工和更换，又可以节约模具材料。图 7-10 所示为卧式冷压室压铸机用模具型腔镶块的布置形式。

图 7-10(a) 所示为一模一腔，一侧抽芯，圆形镶块镶拼形式。图 7-10(b) 所示为一模两腔，两侧抽芯，圆形镶块镶拼形式。图 7-10(c) 所示为一模两腔，一侧抽芯，矩形镶块镶

拼形式。图 7-10(d)、(e)所示为一模多腔,矩形镶块镶拼形式。图 7-10(f)所示为一模多腔,圆形镶块镶拼形式。

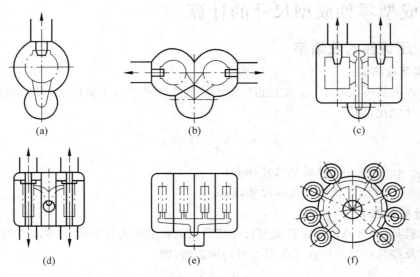

图 7-10　卧式冷压室压铸机用模具型腔镶块的布置形式

2. 热压室压铸机或立式冷压室压铸机用模具型腔镶块的布置形式

图 7-11 所示为热压室压铸机或立式冷压室压铸机用模具型腔镶块的布置形式。

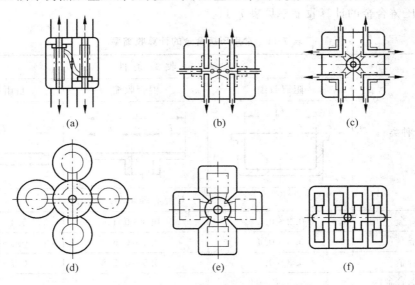

图 7-11　热压室压铸机或立式冷压室压铸机用模具型腔镶块的布置形式

图 7-11(a)所示为一模两腔,两侧抽芯,矩形镶块镶拼形式。图 7-11(b)所示为一模两腔,四侧抽芯,矩形镶块镶拼形式。图 7-11(c)所示为一模四腔,四侧抽芯,矩形镶块镶拼(设置流道镶块)形式。图 7-11(d)所示为一模四腔,圆形镶块镶拼(设置流道镶块)形式。图 7-11(e)所示为一模四腔,异形镶块镶拼(设置流道镶块)形式。图 7-11(f)所示为

一模八腔,矩形镶块镶拼形式。

7.2　成型零件成型尺寸的计算

7.2.1　压铸件的收缩率

1. 实际收缩率

压铸件的实际收缩率 $\varphi_{实}$ 实是指室温下模具成型尺寸与压铸件实际尺寸的差值与模具成型尺寸之比,即

$$\varphi_{实} = \frac{A_{型} - A_{实}}{A_{型}} \times 100\% \tag{7-1}$$

式中：$A_{型}$——室温下模具成型尺寸,mm；

$A_{实}$——室温下压铸件实际尺寸,mm。

2. 计算收缩率

设计模具时,计算成型零件成型尺寸所采用的收缩率为计算收缩率 φ,它包括了压铸件收缩值及模具成型零件在工作温度时的膨胀值,即

$$\varphi = \frac{A' - A}{A} \times 100\% \tag{7-2}$$

式中：A'——计算得到的模具成型零件的成型尺寸,mm；

A——压铸件的公称尺寸,mm。

常用压铸合金的计算收缩率见表 7-11。

表 7-11　常用压铸合金的计算收缩率

合金种类	收缩条件		
	阻碍收缩	混合收缩	自由收缩
	计算收缩率/%		
铅锡合金	0.2～0.3	0.3～0.4	0.4～0.5
锌合金	0.3～0.4	0.4～0.6	0.6～0.8
铝硅合金	0.3～0.5	0.5～0.7	0.7～0.9
铝硅铜合金			
铝镁合金	0.4～0.6	0.6～0.8	0.8～1.0
镁合金			
黄铜	0.5～0.7	0.7～0.9	0.9～1.1
铝青铜	0.6～0.8	0.8～1.0	1.0～1.2

3. 收缩率的确定

压铸件的收缩率应根据压铸件的结构特点、收缩条件、压铸件壁厚、合金成分及有关工艺因素等确定。其一般规律如下。

（1）压铸件结构复杂、型芯多、收缩受阻大时收缩率较小，反之收缩率较大。

（2）薄壁压铸件收缩率较小，厚壁压铸件收缩率较大。

（3）压铸件出模温度越高，压铸件与室温的温差越大，则收缩率越大；反之收缩率较小。

（4）压铸件的收缩率受到模具型腔温度不均匀的影响，靠近浇口处型腔温度高，收缩率较大；远离浇口处型腔温度较低，收缩率较小。

7.2.2　影响压铸件尺寸精度的主要因素

（1）压铸件收缩率的影响。压铸件冷却收缩是影响压铸件尺寸精度的主要因素。对压铸合金在各种情况下冷却收缩的规律及收缩率的大小把握得越准确，压铸件的成型尺寸精度就越高。但设计时选用的计算收缩率与压铸件的实际收缩率难以完全相符，两者之间的误差必然会使计算精度受到影响。

（2）压铸件结构的影响。压铸件结构越复杂，计算精度就越难把握。

（3）模具成型零件制造偏差的影响。

（4）模具成型零件磨损的影响。

（5）压铸工艺参数的影响。

7.2.3　成型零件成型尺寸的分类、计算要点及标注形式

成型零件中直接决定压铸件几何形状的尺寸称为成型尺寸，计算成型尺寸的目的是保证压铸件的尺寸精度。根据上述影响压铸件尺寸精度的主要因素分析可知，对成型尺寸进行精确计算是比较困难的。为了保证使压铸件的尺寸精度在所规定的公差范围内，在计算成型尺寸时，主要以压铸件的偏差值及偏差方向作为计算的调整值，以补偿因收缩率变化而引起的尺寸误差，并考虑到试模时有修正的余地以及在正常生产过程中模具的磨损。

1. 成型尺寸的分类、计算要点

成型尺寸主要可分为型腔尺寸（包括型腔径向尺寸和深度尺寸）、型芯尺寸（包括型芯径向尺寸和高度尺寸）、成型部分的中心距离和位置尺寸等。

成型尺寸的计算要点如下。

（1）型腔磨损后尺寸增大，计算型腔尺寸时应使压铸件外形接近于最小极限尺寸。

（2）型芯磨损后尺寸减小，计算型芯尺寸时应使压铸件内形接近于最大极限尺寸。

（3）两个型芯或型腔之间的中心距离和位置尺寸与磨损量无关，应使压铸件尺寸接近于最大和最小两个极限尺寸的平均值。

2. 成型尺寸标注形式及偏差分布的规定

上述三类成型尺寸分别采用 3 种不同的计算方法。为了简化计算公式，对标注形式及偏差分布作出以下的规定。

（1）压铸件的外形尺寸采用单向负偏差，公称尺寸为最大值；与之相应的型腔尺寸

采用单向正偏差,公称尺寸为最小值。

(2) 压铸件的内形尺寸采用单向正偏差,公称尺寸为最小值;与之相应的型芯尺寸采用单向负偏差,公称尺寸为最大值。

(3) 压铸件的中心距离、位置尺寸采用双向等值正、负偏差,公称尺寸为平均值;与之相应的模具中心距尺寸也采用双向等值正、负偏差,公称尺寸为平均值。

若压铸件标注的偏差不符合上述规定,则应在不改变压铸件尺寸极限值的条件下变换其公称尺寸及偏差值,使之符合规定,以适应计算公式。

7.2.4 成型尺寸的计算

1. 型腔尺寸的计算

型腔尺寸的计算公式如下(图 7-12):

$$D'^{+\Delta'}_{0} = (D + D\varphi\% - 0.7\Delta)^{+\Delta'}_{0} \tag{7-3}$$

$$H'^{+\Delta'}_{0} = (H + H\varphi\% - 0.7\Delta)^{+\Delta'}_{0} \tag{7-4}$$

式中:D'、H'——型腔尺寸或型腔深度尺寸,mm;

D、H——压铸件外形的最大极限尺寸,mm;

φ——压铸件计算收缩率,%;

Δ——压铸件公称尺寸的偏差,mm;

Δ'——成型部分公称尺寸的制造偏差,mm;

0.7Δ——尺寸补偿和磨损系数计算值,mm。

2. 型芯尺寸的计算

型芯尺寸的计算公式如下(图 7-13):

$$d'^{0}_{-\Delta'} = (d + d\varphi\% + 0.7\Delta)^{0}_{-\Delta'} \tag{7-5}$$

$$h'^{0}_{-\Delta'} = (h + h\varphi\% + 0.7\Delta)^{0}_{-\Delta'} \tag{7-6}$$

式中:d'、d'——型腔尺寸或型腔深度尺寸,mm;

d、h——压铸件外形的最大极限尺寸,mm;

φ——压铸件计算收缩率,%;

Δ——压铸件公称尺寸的偏差,mm;

Δ'——成型部分公称尺寸的制造偏差,mm;

0.7Δ——尺寸补偿和磨损系数计算值,mm。

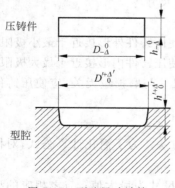

图 7-12 型腔尺寸计算

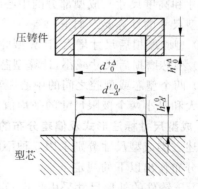

图 7-13 型芯尺寸计算

3. 中心距离、位置尺寸的计算

中心距离、位置尺寸的计算公式如下(图 7-14):

$$L' \pm \Delta' = (L + L\varphi) \pm \Delta' \qquad (7\text{-}7)$$

式中: L'——成型部分中心距离、位置的平均尺寸,mm;

L——压铸件中心距离、位置的平均尺寸,mm;

φ——压铸件计算收缩率,%;

Δ'——成型部分中心距离、位置尺寸的制造偏差,mm。

型腔和型芯尺寸的制造偏差 Δ' 按下列规定选取。

当压铸件尺寸精度为 IT11~IT13 级时,Δ' 取 $1/5\Delta$;

当压铸件尺寸精度为 IT14~IT16 级时,Δ' 取 $1/4\Delta$。

中心距离、位置尺寸的制造偏差 Δ' 按下列规定选取。

当压铸件尺寸精度为 IT11~IT14 级时,Δ' 取 $1/5\Delta$;

当压铸件尺寸精度为 IT15~IT16 级时,Δ' 取 $1/4\Delta$。

根据成型尺寸标注形式及偏差分布的规定如下。

压铸件尺寸偏差 Δ 正负号的选取为:外形尺寸 Δ 取"—",内形尺寸 Δ 取"+";

成型尺寸制造偏差 Δ' 正负号的选取为:型腔尺寸 Δ' 取"+";型芯尺寸 Δ' 取"—";

中心距离、位置尺寸的压铸件尺寸偏差 Δ 和成型部分制造偏差 Δ' 均取"±"。

应用式(7-3)~式(7-7)计算时,因为公式中已经考虑了偏差的正负号,因此只需代入偏差的绝对值即可。

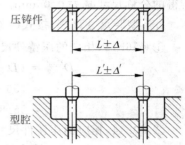

图 7-14　中心距离、位置尺寸计算

4. 成型尺寸计算举例

壳体压铸件如图 7-15 所示。取Ⅰ-Ⅰ为分型面,采用扩张式外侧浇口,型腔设在定模镶块内。壳体材料为压铸铝合金 Y102,查表 7-11,选定平均计算收缩率 φ 为 0.6%。

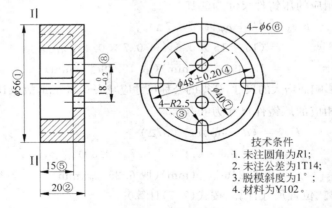

图 7-15　壳体压铸件

(1) 壳体压铸件的成型尺寸分类

压铸件的①、②、③属于型腔尺寸,④、⑤、⑥属于型芯尺寸,⑦、⑧属于中心距离、位置尺寸。另外,②、⑤受到分型面的影响,高压、高速的金属液充填型腔时,闭合的动模、定模会出现微小的分离倾向,使与分型面有关的尺寸略微增大。为消除这种影响,通常将计算所得的公称尺寸减去 0.05mm。

(2) 型腔尺寸计算(按式(7-3)、式(7-4)计算)

① $\phi 56h14$,相应的压铸件尺寸为①$\phi 56_{-0.74}^{0}$。

$$D'^{+\Delta'}_{0} = (D + D\varphi\% - 0.7\Delta)^{+\Delta'}_{0}$$
$$= (56 + 56 \times 0.6\% - 0.7 \times 0.74)^{+(1/4 \times 0.74)}_{0}$$
$$= 55.818^{+0.185}_{0} (\text{mm})(\text{取 } 55.82^{+0.185}_{0} \text{mm})$$

② $20h14$,相应的压铸件尺寸为②$20_{-0.52}^{0}$。

$$H'^{+\Delta'}_{0} = (H + H\varphi\% - 0.7\Delta)^{+\Delta'}_{0}$$
$$= (20 + 20 \times 0.6\% - 0.7 \times 0.52)^{+(1/4 \times 0.52)}_{0}$$
$$= 19.756^{+0.13}_{0} (\text{mm})(\text{取 } 19.76^{+0.13}_{0} \text{mm})$$

为受分型面影响而增大的尺寸,算得的公称尺寸应减去 0.05mm,故取$19.71^{+0.13}_{0}$mm。

③ $R2.5h14$,相应的压铸件尺寸为③$R2.5_{-0.25}^{0}$。

$$D'^{+\Delta'}_{0} = (D + D\varphi\% - 0.7\Delta)^{+\Delta'}_{0}$$
$$= (2.5 + 2.5 \times 0.6\% - 0.7 \times 0.25)^{+(1/4 \times 0.25)}_{0}$$
$$= 2.34^{+0.063}_{0} (\text{mm})$$

(3) 型芯尺寸计算(按式(7-5)、式(7-6)计算)

④ $\phi 48 \pm 0.20$ 变换成 $\phi 47.80^{+0.40}_{0}$,查表,对应的精度为 IT13 级。

即为④$\phi 47.80H13$,相应的压铸件尺寸为④$\phi 47.80^{+0.39}_{0}$。

$$d'^{0}_{-\Delta} = (d + d\varphi\% + 0.7\Delta)^{0}_{-\Delta'}$$
$$= (47.8 + 47.8 \times 0.6\% + 0.7 \times 0.39)^{0}_{-(1/4 \times 0.43)}$$
$$= 48.36^{0}_{-0.078} (\text{mm})$$

⑤ $15H14$,相应的压铸件尺寸为⑤$15^{+0.43}_{0}$。

$$h'^{0}_{-\Delta} = (h + h\varphi\% + 0.7\Delta)^{0}_{-\Delta'}$$
$$= (15 + 15 \times 0.6\% + 0.7 \times 0.43)^{0}_{-(1/4 \times 0.43)}$$
$$= 15.391^{0}_{-0.108} (\text{mm})(\text{取 } 15.39^{0}_{-0.108} \text{mm})$$

为受分型面影响而增大的尺寸,算得的公称尺寸应减去 0.05mm,故取$15.34^{0}_{-0.108}$mm。

⑥ $\phi 6H14$,相应的压铸件尺寸为⑥$\phi 6^{+0.30}_{0}$。

$$d'^{0}_{-\Delta} = (d + d\varphi\% + 0.7\Delta)^{0}_{-\Delta'}$$
$$= (6 + 6 \times 0.6\% + 0.7 \times 0.30)^{0}_{-(1/4 \times 0.30)}$$
$$= 6.246^{0}_{-0.075} (\text{mm})(\text{取 } 6.25^{0}_{-0.075} \text{mm})$$

(4) 中心距离、位置尺寸计算(按式(7-7)计算)

⑦ $\phi 40$,IT14 级,相应的压铸件尺寸为⑦$\phi 40 \pm 0.31$

$$L' \pm \Delta' = (L + L\varphi) \pm \Delta'$$
$$= (40 + 40 \times 0.6\%) \pm (1/5 \times 0.31)$$
$$= 40.24 \pm 0.062 (\text{mm})$$

⑧ $18_{-0.20}^{0}$ 变换成 17.90 ± 0.10。

$$L'\pm\Delta' = (L+L\varphi)\pm\Delta'$$
$$= (17.90+17.90\times0.6\%)\pm(1/5\times0.10)$$
$$= 18.007\pm0.02(\mathrm{mm})(取(18.01\pm0.02)\mathrm{mm})$$

7.3　模架的设计

模架是将压铸模各部分按一定的规律和位置加以组合和固定,组成完整的压铸模具,并使压铸模能够安装到压铸机上进行工作的构架。模架的设计主要是根据已确定的设计方案,对有关零件进行合理的计算、选择和布置。

7.3.1　模架的基本结构

模架的基本结构如图 7-16 所示。

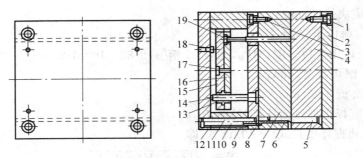

图 7-16　压铸模模架的基本结构

1—定模模板螺钉；2—定模座板；3—动模模板螺钉；4—定模套板；
5—导柱；6—导套；7—动模套板；8—支承板；9—垫块；10—模座螺钉；
11—圆柱销；12—动模座板；13—推板导套；14—推板导柱；15—推板；
16—推杆固定板；17—推板螺钉；18—限位钉；19—复位杆

7.3.2　模架设计的基本要求

(1) 模架应有足够的刚度,在承受压铸机锁模力的情况下不发生变形。

(2) 模架不宜过于笨重,以便于装拆、修理和搬运。

(3) 模架在压铸机上的安装位置应与压铸机规格或通用模座规格一致。

(4) 模架上应设有吊环螺钉或螺钉孔,以便于模架的吊运和装配。

(5) 镶块到模架边缘的分型面上应留有足够的位置以设置导柱、导套、紧固螺钉、销钉等零件。

(6) 模具的总厚度应大于所选用压铸机的最小合模距离。

7.3.3　支承与固定零件设计

支承与固定零件包括动、定模套板,支承板,动、定模座板和垫块等。

1. 动、定模套板设计

动、定模套板的作用是镶嵌、固定镶块和型芯,有斜销抽芯机构的压铸模常在动模套板上开设滑块的导滑槽,在定模套板上设置斜销和楔紧装置。动、定模套板应有适当的厚度,除了满足强度和刚度条件外,较厚的动、定模套板有利于减小模具型腔的温度变化,使压铸件质量稳定,模具寿命提高。在动、定模套板的分型面上还要有足够的位置设置导柱、导套、紧固螺钉、销钉等零件。套板一般承受拉伸、压缩、弯曲3种应力作用,设计套板时主要对套板的边框厚度进行计算。

(1) 圆形套板边框厚度计算(见图 7-17)

套板为盲孔时,圆形套板边框厚度按式(7-8)计算,即

$$h \geqslant \frac{DpH_1}{2[\sigma]H} \tag{7-8}$$

套板为通孔时($H = H_1$),边框厚度按式(7-9)计算,即

$$h \geqslant \frac{Dp}{2[\sigma]} \tag{7-9}$$

式中:h——套板边框厚度,mm;

　　　D——镶块外径,mm;

　　　p——压射比压,MPa;

　　　$[\sigma]$——许用抗拉强度,MPa,调质 45 钢$[\sigma] = 82 \sim 100$MPa;

　　　H_1——镶块高度,mm;

　　　H——套板厚度,mm。

(2) 矩形套板边框厚度计算(见图 7-18)

矩形套板边框厚度按式(7-10)计算,即

$$h = \frac{P^2 + \sqrt{P^2 + 8H[\sigma]P_1L_1}}{4H[\sigma]} \tag{7-10}$$

$$P_1 = pL_1H_1$$

$$P_2 = pL_2H_1$$

式中:h——套板边框厚度,ram;

　　　P_1,P_2——边框侧面承受的总压力,N;

　　　L_1、L_2——镶块侧面长度,mm;

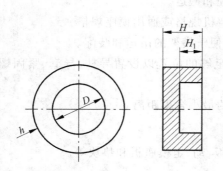

图 7-17　圆形套板边框厚度
计算示意图

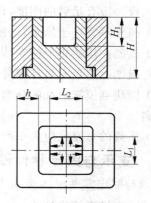

图 7-18　矩形套板边框厚度计
示意图算

p——压射比压,MPa;

$[\sigma]$——许用抗拉强度,MPa,调质 45 钢$[\sigma]=82\sim100$MPa;

H_1——镶块高度,mm;

H——套板厚度,mm。

（3）动、定模套板边框推荐尺寸

边框厚度推荐值见表 7-12。

表 7-12　动、定模套板边框厚度推荐值

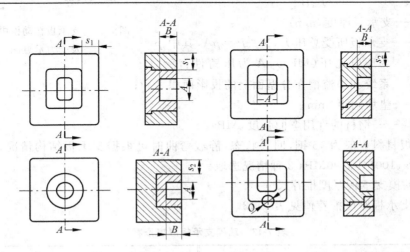

$A\times B$ 侧面/mm×mm	边框厚度/mm		
	s_1	s_2	s_3
＜80×35	40～50	30～40	50～65
＜120×45	45～60	35～45	60～75
＜160×50	50～75	45～55	70～85
＜200×55	55～80	50～65	80～95
＜250×60	65～85	55～75	90～105
＜300×65	70～95	60～85	100～125
＜350×70	80～110	75～100	120～140
＜400×100	100～120	80～110	130～160
＜500×150	120～150	110～140	140～180
＜600×180	140～170	140～160	170～200
＜700×190	160～180	150～170	190～220
＜800×200	170～200	160～180	210～250

注：套板一般处于拉伸、弯曲、压缩 3 种应力状态,其变形量可能影响型腔尺寸精度,所以决定其尺寸时,必须考虑模具结构和压铸工艺的影响。

2. 支承板设计

支承板在动模中的位置及受力如图 7-19 所示,可知支承板受力后主要产生弯曲变形。支承板的厚度应随作用力 P 和垫块间距 L 的增大而增厚。

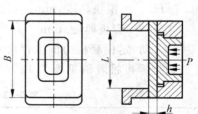

（1）支承板的厚度计算

支承板的厚度可按式（7-11）计算,即

$$h = \sqrt{\frac{PL}{2B\,[\sigma]_{弯}}} \qquad (7\text{-}11)$$

图 7-19　支承板在动模中的位置
及受力示意图

式中：h——支承板厚度,mm;

　　　P——支承板所受总压力,N。$P = pA$,其中 p 为压射比压（MPa）,A 为压铸件、浇注系统和溢流槽在分型面上的投影面积之和;

　　　L——垫块间距,mm;

　　　$[\sigma]_{弯}$——钢材的许用弯曲强度,MPa。

支承板材料一般为 45 钢,回火状态,静载弯曲时可根据支承板结构情况,$[\sigma]_{弯}$ 分别按 135MPa、100MPa、90MPa 3 种情况选取。

（2）动模支承板厚度推荐尺寸

动模支承板厚度推荐值见表 7-13。

表 7-13　动模支承板厚度推荐值

支承板所受的总压力 F/kN	支承板厚度/mm			支承板所受的总压力 F/kN	支承板厚度/mm		
160～250	25	30	35	1250～2500	60	65	70
250～630	30	35	40	2500～4000	75	85	90
630～1000	35	40	50	4000～6300	85	90	100
1000～1250	50	55	60				

（3）支承板的加强形式

当垫块间距 L 较大或支承板厚度 h 偏小时,可借助推板导柱或采用支柱增强对支承板的支承作用,如图 7-20 所示。

3. 动、定模座板的设计

动、定模座板一般不作强度计算,设计时应考虑以下几点。

① 动、定模座板上要开设 U 形槽或留出安装压板的位置,借此使模具固定在压铸机动、定模安装板上。U 形槽尺寸应与压铸机安装板上的 T 形槽尺寸一致,如图 7-21 所示。

② 定模座板上的浇口套安装孔的位置尺寸应与选用的压铸机精确配合。

4. 垫块的设计

垫块在动模座板与支承板之间,形成推出机构工作的活动空间。对于小型压铸模具,还可以利用垫块的厚度来调整模具的总厚度,满足压铸机最小合模距离的要求。垫块在压铸生产过程中承受压铸机的锁模力作用,必须有足够的受压面积。垫块与动模座板组合形成动模的模座,模座的基本结构形式如图 7-22 所示。

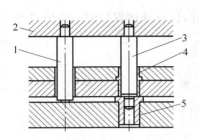

图 7-20 支承板的增强形式

1—支柱;2—支承板;3—推板导柱;
4—推板导套;5—挡圈

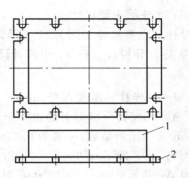

图 7-21 在定模座板上开设 U 形槽

1—定模推板;2—定模座板

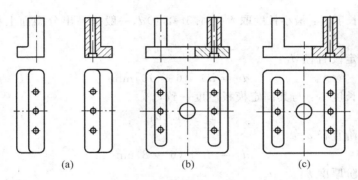

(a)   (b)   (c)

图 7-22 模座的基本结构形式

图 7-22(a)所示为角架式模座,结构简单,制造方便,重量较轻,适用于小型压铸模具。

图 7-22(b)所示为组合式模座,结构简单,应用广泛,适用于中、小型压铸模具。

图 7-22(c)所示为整体式模座,通常用球墨铸铁或铸钢整体铸造成型,强度、刚度较高,适用于大、中型压铸模具。

7.3.4 导向零件设计

导向零件的作用是引导动模按一定的方向移动,保证动、定模在安装和合模时的准确对合,防止型腔、型芯错位。最常用的导向零件为导柱和导套。

1. 导柱和导套的设计

(1)导柱和导套的设计要点

① 导柱应具有足够的刚度,保证动、定模在安装和合模时的正确位置。

② 导柱应高出型芯高度,以避免型芯在模具合模、搬运时受到损坏。

③ 为了便于取出压铸件,导柱一般设置在定模上。

④ 模具采用推件板卸料时,导柱设置在动模上,以便于推件板在导柱上滑动进行卸料。

⑤ 对于卧式压铸机上采用中心浇口的模具,导柱设置在定模座板上。

（2）导柱的主要尺寸

导柱的主要尺寸如图 7-23 所示。

① 导柱导滑段直径 d：当模具设计四根导柱时，计算导柱直径的经验公式为

$$d = K \sqrt{A} \tag{7-12}$$

式中：d——导柱导滑段直径，mm；

　　　A——模具分型面上的表面积，mm^2；

　　　K——比例系数，一般为 $0.07 \sim 0.09$。

当 $A > 2 \times 10^5 mm^2$ 时，$K = 0.07$；

当 $A = 0.4 \times 10^5 \sim 2 \times 10^5 mm^2$ 时，$K = 0.08$；

当 $A < 0.4 \times 10^5 mm^2$ 时，$K = 0.09$。

导柱导滑段部分在合模过程中插入导套内起导向作用，为了加强润滑效果，可在导滑段上开设油槽。

② 导滑段长度 l_2：最小长度取 $l_2 = (1.5 \sim 2.0)d$，一般按高出分型面上型芯高度 $12 \sim 20mm$ 计算。

③ 导柱固定段直径 d_1：

$$d_1 = d + (6 \sim 10) mm \tag{7-13}$$

④ 固定段长度 l_1：与其固定模板厚度一致，

$$l_1 \geqslant 1.5 d_1 \tag{7-14}$$

⑤ 导柱台阶直径 d_2：

$$d_2 = d_1 + (6 \sim 8) mm \tag{7-15}$$

⑥ 导柱台阶厚度 h：

$$h = 6 \sim 20mm \tag{7-16}$$

⑦ 引导段长度 z：

$$l = 6 \sim 12mm \tag{7-17}$$

（3）导套的主要尺寸

导套的主要尺寸如图 7-24 所示。

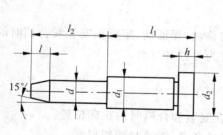

图 7-23　导柱的主要尺寸

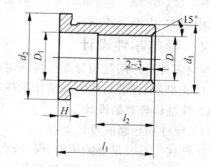

图 7-24　导套的主要尺寸

① 导套内孔直径 D：与选用的导柱导滑段直径 d 相同。

② 导套内扩孔直径 D_1：

$$D_1 = D + 0.5 \tag{7-18}$$

③ 导套外径 d_1：

$$d_1 = D + (6 \sim 10) \text{mm} \tag{7-19}$$

④ 导套台阶外径 d_2：

$$d_2 = d_1 + (6 \sim 8) \text{mm} \tag{7-20}$$

⑤ 导滑段长度 l_2：

$$l_2 = kd \tag{7-21}$$

式中：k——比例系数，$k = 1.3 \sim 1.7$；d 小时 k 取大值，d 大时 k 取小值。

⑥ 导套总长度 l_1：l_1 为固定导套的模板厚度减去 3～5mm。

（4）导柱、导套的配合要求

导柱、导套的配合要求如图 7-25 所示。

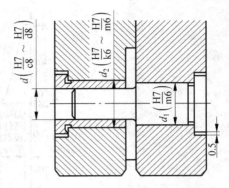

图 7-25　导柱、导套的配合要求

2. 导柱、导套在模板中的位置

矩形模具导柱、导套一般都布置在模板的四个角上，保持导柱之间有最大开档尺寸，以便于取出压铸件。为了防止动、定模在装配时错位，可将其中一根导柱取不等分分布，如图 7-26 所示。

对于圆形模具，一般采用三根导柱，其中心位置为不等分分布，如图 7-27 所示。

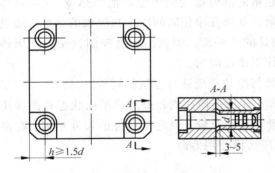

图 7-26　矩形模具导柱、导套的布置

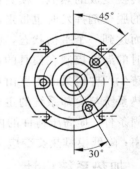

图 7-27　圆形模具导柱、导套的布置

7.4　加热与冷却系统设计

7.4.1　加热与冷却系统的作用

模具温度是影响压铸件质量的一个重要因素，但在生产过程中往往未得到严格的控制。大多数形状简单、成型工艺性好的压铸件对模具温度控制要求不高，模具温度在较大区间内变动仍能生产出合格的压铸件。而生产形状复杂、质量要求高的压铸件时，则对模具温度有严格的要求，只有把模具温度控制在一个狭窄的温度区间内，才能生产出合格的压铸件。因此，必须严格控制模具温度。

在一个压铸循环中,模具型腔的温度要发生很大的变化。如图 7-28 所示,铝合金压铸时,模具型腔温度上下波动可达 300℃左右。

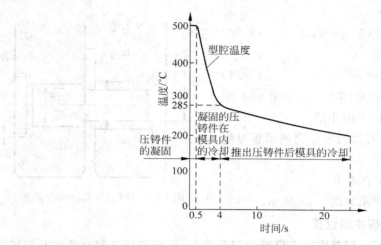

图 7-28　一个压铸循环中模具型腔温度的变化

注:压铸件材料某种铝合金,浇注温度为 650℃,压铸件厚度为 4mm,模具温度为 200℃,循环持续时间为 24s。

使模具升温的热源一是由金属液带入的热量,二是金属液充填型腔时消耗的一部分机械能转换变成的热能。模具在得到热量的同时也向周围空间散发热量,在模具型腔表面喷涂的脱模剂挥发时也带走部分热量。如果在单位时间内模具吸收的热量与散发的热量相等而达到一个平衡状态,则称为模具的热平衡。模具的温度控制就是要把压铸模在热平衡时的温度控制在模具的最佳工作温度区间内。

压铸生产中模具的温度由加热系统与冷却系统进行控制和调节。

加热系统与冷却系统的主要作用是:使压铸模达到较好的热平衡状态和改善压铸件顺序凝固条件;提高压铸件的内部质量和表面质量;稳定压铸件的尺寸精度;提高压铸生产效率;降低模具热交变应力,提高压铸模使用寿命。

7.4.2　加热系统设计

1. 模具的加热方法

压铸模的加热系统主要用于预热模具,模具的加热方法介绍如下。

(1) 火焰加热

火焰加热是最简单的压铸模预热方法。火焰加热可用自制的煤气、天然气燃烧器或喷灯,用燃烧火焰产生的热量对模具型腔加热。火焰加热方法简便,成本低廉。但火焰加热会使压铸模型腔特别是型腔中较小的凸起部分发生过热,导致压铸模型腔软化,降低压铸模寿命。

(2) 加热装置加热

常用的电加热装置为电阻式加热器,包括电热棒、电热板、电热圈、电热框等,有多种规格可供选用。其中电热棒使用非常方便,应用广泛。电加热装置加热比较清洁安全,操作方便,模具加热均匀,是目前普遍使用的加热方法。

（3）模具温度控制机加热

模具温度控制机利用热交换原理，以高温导热油为载体，通过加热或冷却控制其温度，将导热油泵入压铸模中的通道，从而精确地控制模具的温度。模具温度控制机可以用来预热压铸模以及在压铸过程中将模具的温度保持在一定的区间内，以满足提高压铸件质量及压铸生产自动化的需要。采用模具温度控制机不但能有效地控制模具的温度，还能延长压铸模的使用寿命。

2．模具的预热规范

模具的预热规范见表 7-14。

表 7-14　模具的预热规范

合金种类	铅、锡合金	锌合金	铝合金	镁合金	铜合金
预热温度/℃	60~120	150~200	180~300	200~250	300~350

3．模具预热功率的计算

模具预热所需的功率可通过式（7-22）进行计算，即

$$P = \frac{mC(\theta_s - \theta_i)k}{3600t} \tag{7-22}$$

式中：P——预热所需的功率，kW；

　　　m——需预热的模具（整套压铸模或动模、定模）质量，kg；

　　　C——比热容，kJ/（kg·℃），钢的比热容取 $c = 0.46$kJ/（kg·℃）；

　　　θ_s——模具预热温度（见表 7-12），℃；

　　　θ_i——模具初始温度（室温），℃；

　　　k——系数，补偿模具在预热过程中因传热散失的热量，$k = 1.2 \sim 1.5$，模具尺寸大时取较大的值；

　　　t——预热时间，h。

4．电加热装置（电热棒）设计

① 根据预热模具所需的功率选择电热棒的型号和数量。

② 设计电热棒的安装孔和测温孔位置，如图 7-29 所示。

加热孔一般布置在动/定模套板（也可通过镶块）、支承板和定模座板上。布置时应避免与活动型芯或推杆发生干扰。

在动、定模套板上可布置供安装热电偶的测温孔，以便控制模温。

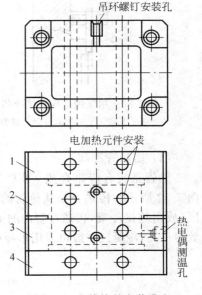

图 7-29　电热棒的安装孔和测温孔位置

1—定模座板；2—定模套板；
3—动模套板；4—支承板

7.4.3　冷却系统设计

1. 模具的冷却方法

压铸模的冷却系统用于冷却模具,带走压铸生产中金属液传递给模具的过多热量,使模具冷却到最佳的工作温度。模具的冷却方法介绍如下。

（1）水冷却

水冷是在模具内设置冷却水通道,使冷却水通入模具带走热量。水冷的效率高,易控制,是最常用的压铸模冷却方法。

（2）风冷却

风冷是用鼓风机或空气压缩机产生的风力吹走模具的热量。风冷方法简便,不需要在模具内部设置冷却装置,但风冷的效率低,适用于压铸低熔点合金或中、小型薄壁件的要求散热量较小的模具。另外,对于压铸模中难以用水冷却的部位,可考虑采用风冷的方式。如图 7-30 所示,开模后滑块开启镶块内的压缩空气通道,冷却薄片状型芯。

（3）用传热系数高的合金（铍青铜、钨基合金等）冷却

如图 7-31 所示,将铍青铜销旋入热量集中的固定型芯,铜销的末端带有散热片,可以加强冷却效果。

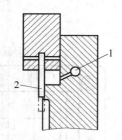

图 7-30　用压缩空气直接冷却型芯
1—压缩空气通道；2—薄片状型芯

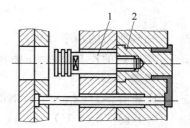

图 7-31　用铍青铜销间接冷却型芯
1—铍青铜销；2—型芯

（4）用热管冷却

热管是装有传热介质（通常为水）的密封金属管,管内壁敷有毛细层,工作原理如图 7-32 所示。传热介质从热管的高温端（蒸发区）吸收热量后蒸发,蒸汽在低温端（冷凝区）放出热量冷凝,再通过管内的毛细层回到高温端。热管垂直设置,冷凝区在上部时散热效率最高,冷凝区一般可采用水冷或风冷。用热管冷却型芯的细小部位如图 7-33 所示。

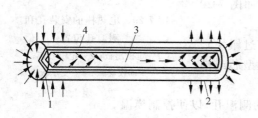

图 7-32　热管工作原理示意图
1—蒸发区；2—冷凝区；3—蒸汽；4—毛细层

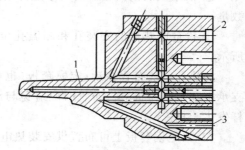

图 7-33　用热管冷却型芯的细小部位
1—热管；2—冷却水入口；3—冷却水出口

（5）用模具温度控制装置进行冷却

2. 冷却水道的布置形式

冷却水道的布置形式见表 7-15。

表 7-15　冷却水道的布置形式

说　　明	图　　例	说　　明	图　　例
冷室压铸机压铸模浇口套环形水套冷却，环形套过盈热套到浇口套上或与浇口套焊接在一起，防止漏水 分流锥采用隔板式水道冷却	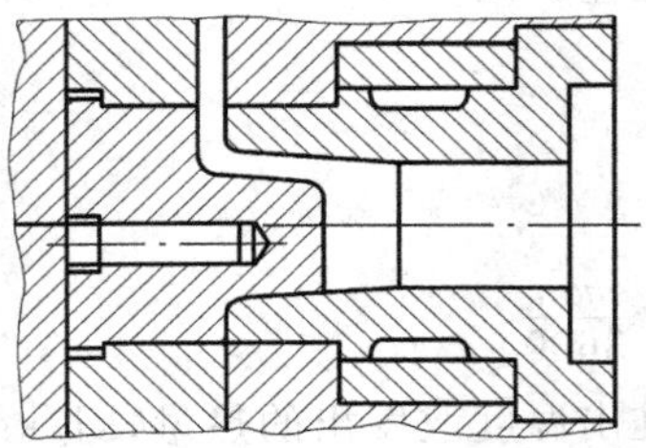	型腔部位开设冷却水道，一般情况下，冷却水道应开设在型腔下方，避免开设在型腔的周围	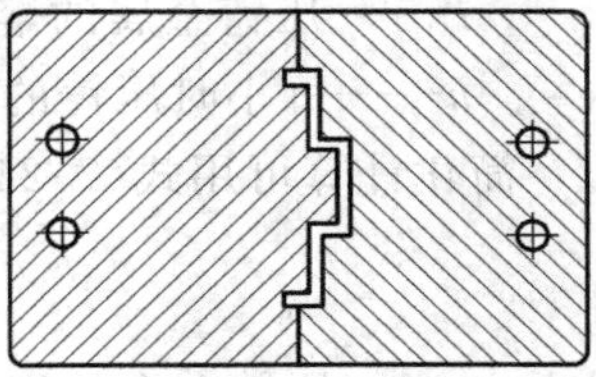
浇口套部位设置双环形水道，水道之间开槽连接 分流锥采用套管式水道冷却	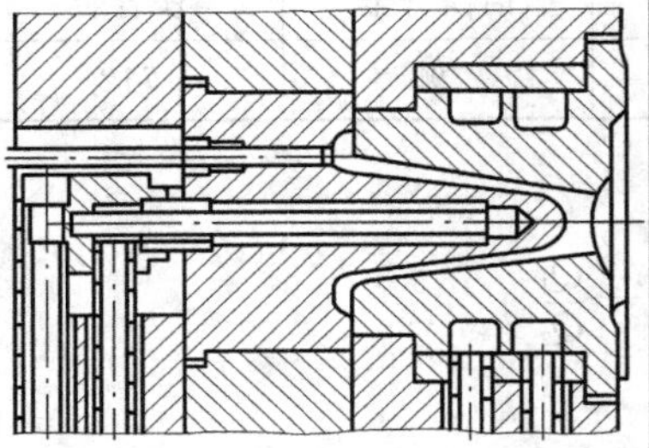	在较大的型芯下方动模支承板上开设水道，如型芯的热量较大，则应在型芯内设置套管式冷却水道	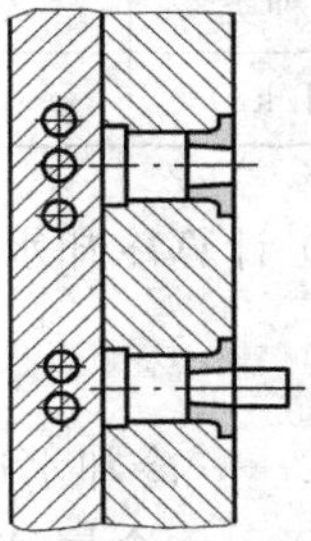
组合式薄片镶块的冷却水道，可采用铜管或钢管装配在镶块中，铜管或钢管可兼作镶块的定位销	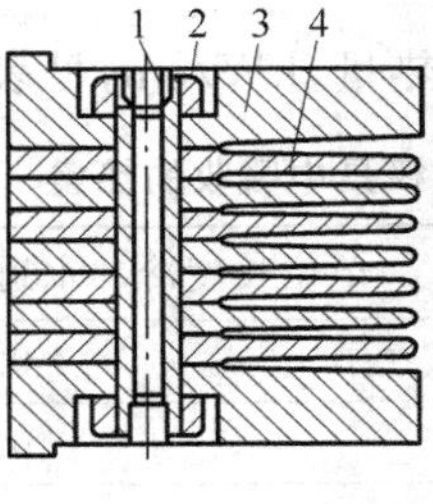 1—带冷却水通道的双头螺栓圆柱销； 2—螺母；3、4—镶块	复杂型芯在难以用水直接冷却的细小部位可用热管将热量导出热节部位，再用冷却水冷却热管	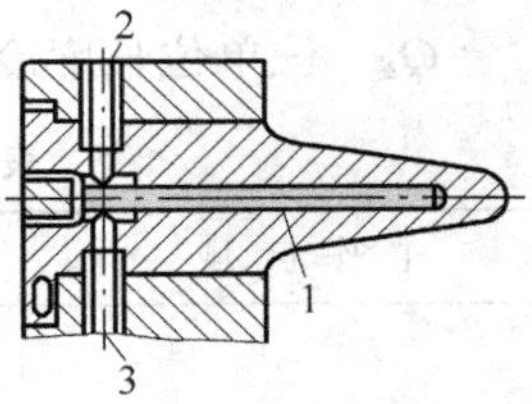 1—热管；2—冷却水入口； 3—冷却水出口

设置冷却水道既要传热效率高，又要防止由于急冷急热的影响而使镶块热疲劳产生裂纹。两者兼顾，冷却水道的直径一般为 6～16mm，冷却水道孔壁与型腔壁之间的距离一般大于 15mm。

3. 冷却水道的设计计算

由于压铸件形状、壁厚等各种因素的影响，压铸模各部分的热状态有很大的差别，因此应根据型腔的热流量特征将压铸模和型腔分为不同的区域（如浇口套、分流锥、横流道部位、热量集中的大型芯等），对各个区分别设计计算。

(1) 计算压铸过程中金属液传入模具的热流量

$$Q_1 = \frac{m(C\theta_1 + L)n}{3600} \qquad (7\text{-}23)$$

式中：Q——金属液传入模具的热流量，kW；

m——压铸金属的质量，kg。当对型腔进行分区设计计算冷却系统时，m 是指注入型腔相应区域的金属液质量；

C——压铸金属的比热容，kJ/(kg·℃)；

$\Delta\theta_1$——浇注温度与压铸件推出温度之差，℃；

L——压铸金属的熔化热量，kJ/kg；

n——每小时压铸的次数。

简化计算可用式(7-24)进行，即

$$Q_1 = \frac{mqn}{3600} \qquad (7\text{-}24)$$

式中：q——压铸合金从浇注温度到压铸件推出温度散发出的热量，kJ/kg，见表 7-16。

表 7-16   压铸合金从浇注温度到压铸件推出温度散发出的热量

合金种类	锌合金	铝硅合金	铝镁合金	镁合金	铜合金
q/(kJ/kg)	208	888	795	712	452

（2）计算冷却水道的长度（直通式水道）

$$L = \frac{Q_1}{Q_2} \qquad (7\text{-}25)$$

式中：L——冷却水道的长度，cm；

Q_1——金属液传入模具的热流量，kW；

Q_2——单位长度冷却水道从模具中吸收的热量，kW/cm，见表 7-17。

表 7-17   单位长度冷却水道从模具中吸收的热量

工 作 区 域	冷却水道直径/mm	单位长度冷却水道冷却能力/(kW/cm)
分流锥	13～15	0.139
	9～11	0.105
	8	0.081
流道	13～15	0.139
	9～11	0.105
	8	0.081
型腔	13～15	0.070
	9～11	0.052
	8	0.041

思考题

1. 试分析成型零件整体式结构与镶拼式结构的优、缺点。

2. 举例分析镶拼式结构的设计方案。

3. 镶块一般采用什么形式固定？

4. 型芯一般采用什么形式固定？

5. 试分析影响压铸件尺寸精度的主要因素。

6. 试述成型尺寸的计算要点及计算公式。

7. 试计算如图 7-34 所示压铸件的压铸模的工作尺寸(模具尺寸)，将有关计算内容填入表 7-18。

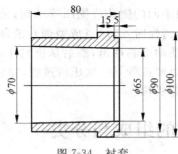

图 7-34　衬套

表 7-18　压铸模的工作尺寸(模具尺寸)计算结果　　　　　单位：mm

序号	类	别	压铸件尺寸	计 算 公 式	模具尺寸
1		径向			
2	型腔尺寸				
3		深度			
4					
5					
6		径向			
7	型芯尺寸				
8		高度			

注：材料是 ZL102(铝合金)，未注公差按 IT13 级确定。

8. 画出模架的基本结构图。

9. 压铸模的导向零件有何作用？

10. 压铸模的加热与冷却系统有何作用？

11. 压铸模的加热与冷却有哪些方法？各有何特点？

第8章

抽芯机构设计

压铸件上具有与开模方向不同的侧孔或侧凹等结构,使压铸模不能顺利分型或压铸件不能直接由推出机构推出压铸模时,必须将成型侧孔或侧凹的零件做成活动型芯。开模时,先将成型侧孔或侧凹的活动型芯抽出,然后从模具中取出压铸件。合模时,又必须使活动型芯回复到原来位置,以便进行下一次压铸过程,完成这种动作的机构称为侧向分型机构,简称侧抽芯机构或抽芯机构。

8.1 常用抽芯机构的组成与分类

8.1.1 抽芯机构的组成

如图 8-1 所示,抽芯机构一般由下列部分组成。

(1)成型元件:成型压铸件的侧孔或侧凹,如型芯、型块等。

(2)运动元件:连接并带动型芯或型块在模套导滑槽内运动,如滑块、斜滑块等。

(3)传动元件:带动运动元件作抽芯和插芯动作,如斜销、齿条、液压插芯器等。

(4)锁紧元件:合模后压紧运动元件,防止运动元件在压铸时受到反压力作用而产生位移,如楔紧块、楔紧锥等。

(5)限位元件:使运动元件在开模后停留在所要求的位置上,保证合模时传动元件工作顺利,如限位块、限位钉等。

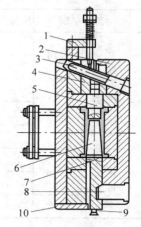

图 8-1 抽芯机构的组成

1—限位块;2、8—楔紧块;3—斜销;
4—矩形滑块;5、6—型芯;7—圆形滑块;
9—接头;10—止转导向块

8.1.2 抽芯机构的分类

压铸模抽芯机构形式较多,大体可分为下列几类。

1. 机械抽芯机构

机械抽芯机构利用开模时压铸机的开模力和动模、定模之间的相对运动,通过抽芯机构改变运动方向,将侧型芯抽出。机械抽芯机构的特点是,机构复杂但抽芯力大,精度较高,生产效率高,易实现自动化操作,因此应用广泛。其结构形式又可分为斜销抽芯、弯销抽芯、齿轮齿条抽芯、斜滑块抽芯等。图 8-1 所示机构的上半部分为机械抽芯机构,利用压铸机的开模力通过斜销对滑块的作用来完成侧抽芯过程。

2. 液压抽芯机构

液压抽芯机构以液压油作为抽芯动力,在模具上设置专用液压缸,通过活塞的往复运动实现抽芯与复位。液压抽芯机构的特点是传动平稳,抽芯力大,抽芯距长。缺点是增加了操作程序,必须设计专门的液压管路。液压抽芯机构常用于大、中型模具或抽芯角度较特殊的场合。其结构如图 8-1 所示的下半部分。

3. 其他抽芯结构

其他抽芯机构主要包括手动抽芯机构和活动镶块模外抽芯机构。

(1) 手动抽芯机构如图 8-2 所示,它利用人工在开模前或在制件脱模后使用手工工具抽出侧面活动型芯。手动抽芯机构的优点是模具结构简单,制造容易,常用于抽出处于定模或离分型面较远的中、小型型芯;其缺点是操作时劳动强度大,生产效率低,常用于小批量或试样生产。

(2) 活动镶块模外抽芯机构。活动镶块模外抽芯机构常用于比较复杂的成型部分,是因不利于设置机动抽芯机构或液压抽芯机构而采用的方法。常用于生产批量较小的场合。它可大大简化模具结构,降低成本。缺点是需备有一定数量的活动镶块,供轮换使用,并且工人劳动强度大,其结构如图 8-3 所示。

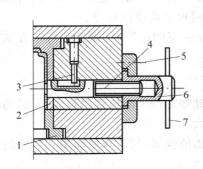

图 8-2 手动抽芯机构

1—动模;2—定模;3—止转销;4—带螺纹型芯;
5—型芯;6—转动螺母;7—手柄

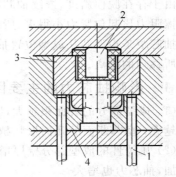

图 8-3 活动镶块模外抽芯机构

1—型芯;2—动模;3—活动型芯;4—推杆

8.1.3 抽芯机构的设计要点

抽芯机构主要应考虑的设计要点如下。

(1) 选择合理的抽芯部位。

① 型芯尽量设置在与分型面相垂直的动(定)模内,利用开模动作抽出型芯,尽可能避免庞大的抽芯机构。

② 机械抽芯机构借助于开模动力完成抽芯动作,为简化模具结构应尽可能避免定模

抽芯。

（2）抽芯力是设计抽芯机构构件强度和传动可靠性的依据,由于影响抽芯力的因素较多,确定抽芯力时需作充分的估计。

（3）活动型芯插入型腔后应有可靠的定位面,以保持准确的型芯位置。

（4）活动型芯与镶块配合的密封部分应有适当的长度和配合间隙,以防止金属液窜入。

（5）抽芯时应防止压铸件产生变形和位移。

（6）型芯抽出到最终位置时,滑块留在导滑槽内的长度不得小于滑块长度的 2/3,以免合模插芯时,滑块发生倾斜造成事故。

（7）抽芯机构需设置限位装置,开模抽芯后使滑块停留在特定的位置上,避免因滑块自重或抽芯时的惯性而越位。

（8）活动型芯的成型投影面积较大时,滑块受到的反压力也较大,应注意滑块楔紧装置的可靠性及楔紧零件的刚性。

8.2　抽芯力和抽芯距的确定

压铸成型时,金属液充满型腔,冷却、凝固并产生收缩,对活动型芯的成型部分产生包紧力。抽芯机构开始工作的瞬间所需的初始抽芯力为最大,需克服由压铸件收缩对活动型芯产生的包紧力和抽芯机构运动时产生的各种摩擦阻力,这两者的合力即为初始抽芯力。由于存在脱模斜度,继续抽芯时,抽芯机构只需克服机构及型芯运动时的摩擦阻力,而摩擦阻力比起包紧力小得多,所以在计算抽芯力时可忽略摩擦阻力。

抽芯距是指型芯从成型位置抽至不妨碍压铸件脱模的位置时,型芯和滑块在抽芯方向上所移动的距离。

8.2.1　影响抽芯力的主要因素

（1）成型部分的表面积越大,压铸件收缩对活动型芯产生的包紧力越大,所需的抽芯力也越大;型芯断面的几何形状越复杂,抽芯力越大。

（2）压铸件的成型部分壁厚增大,金属冷却凝固的收缩变大,对活动型芯产生的包紧力增加,抽芯力也增大。

（3）若压铸件侧面孔穴多且分布在同一抽芯机构上,则压铸件除了对每个侧型芯产生包紧力之外,型芯之间由于金属的冷却收缩产生了应力,因此抽芯力增大。

（4）活动型芯表面粗糙度值低,加工纹路与抽芯方向相同,可减少抽芯力。

（5）加大活动型芯的脱模斜度可减少抽芯力,并且可减少成型表面的擦伤。

（6）压铸合金的化学成分不同,线收缩率也不同,收缩率大则抽芯力也大。

（7）压铸工艺对压铸件抽芯力有较大的影响:压铸后留模时间长,包紧力大;压铸时模温高,压铸件收缩小,包紧力小;持压时间长,压铸件致密性增加,包紧力增加。

（8）在模具中喷涂脱模剂可减少压铸件对型芯的黏附力,减小抽芯力。

（9）采用较高的压射比压,则增加压铸件对型芯的包紧力。

（10）抽芯机构运动部分的间隙对抽芯力的影响较大。间隙太小,摩擦阻力大,需增大抽芯力；间隙太大，易使金属液窜入，也会增大抽芯力。

8.2.2　抽芯力的估算

型芯在抽芯时的初始受力状况如图 8-4 所示。

由于影响抽芯力的因素很多，所以精确地计算抽芯力是

十分困难的。抽芯力一般按公式（8-1）来计算，即

$$F_{抽} = F_{阻} \cos\alpha - F_{包} \sin\alpha \qquad (8\text{-}1)$$
$$= Alp(\mu\cos\alpha - \sin\alpha)$$

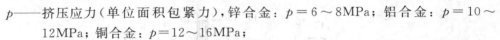

图 8-4　抽芯力分析

式中：$F_{抽}$——抽芯力，N；

　　　$F_{阻}$——抽芯阻力，N；

　　　$F_{包}$——压铸件冷凝收缩后对型芯产生的包紧力，N；

　　　A——被压铸件包紧的型芯成型部分断面周长，m；

　　　l——被压铸件包紧的型芯成型部分长度，m；

　　　p——挤压应力（单位面积包紧力），锌合金：$p = 6 \sim 8$MPa；铝合金：$p = 10 \sim$
　　　　　12MPa；铜合金：$p = 12 \sim 16$MPa；

　　　μ——压铸合金对型芯的摩擦因数，一般取 0.2～0.25；

　　　α——型芯成型部分的脱模斜度，(°)。

8.2.3　抽芯距的确定

图 8-5 所示为侧向成型孔抽芯。抽芯后，型芯应完全脱离压铸件的成型表面，使压铸
件顺利脱模。所以确定抽芯距的计算公式（8-2）为

$$S_{抽} = h + (3 \sim 5) \qquad (8\text{-}2)$$

式中：$S_{抽}$——抽芯距，mm；

　　　h——型芯完全脱离成型处的移动距离，mm。

当铸件外形为圆形并用二等分滑块抽芯（图 8-6）时，抽芯距为

$$S_{抽} = \sqrt{R^2 - r^2} + (3 \sim 5) \qquad (8\text{-}3)$$

式中：R——外形最大圆角半径，mm；

　　　r——阻碍推出铸件的外形最小圆角半径，mm。

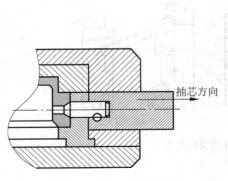

图 8-5　侧向成型孔抽芯

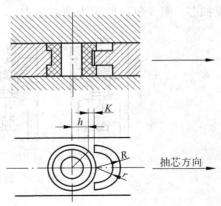

图 8-6　二等分滑块抽芯

8.3　斜销抽芯机构

8.3.1　斜销抽芯机构的组成及工作原理

斜销抽芯机构是侧抽芯机构中应用最广泛的抽芯机构。其结构如图 8-7 所示,主要由斜销、滑块、活动型芯、楔紧块及限位块等组成。其工作原理如下:活动型芯 4 用销钉 8 固定在滑块 9 上,位于动模部分;斜销 5 紧固在定模套板 7 上;滑块斜孔与斜销间为间隙配合。开模时,开模力通过斜销使滑块沿动模套板 13 的导滑槽向上移动。当斜销全部脱离滑块的斜孔时,活动型芯就完全从压铸件中脱出,然后压铸件由推出机构推出。而限位块 12、弹簧 10 和限位螺钉 11 使滑块保持抽芯后的最终位置,保证在合模时,斜销准确地进入滑块的斜孔中,使滑块和活动型芯复位。楔紧块 6 可防止滑块受到型腔内液态金属的压力作用而产生位移。

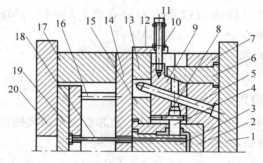

图 8-7　斜销抽芯机构

1—定模座板;2—定模镶块;3—型芯;4—活动型芯;5—斜销;
6—楔紧块;7—定模套板;8—销钉;9—滑块;10—弹簧;11—限位螺钉;
12—限位块;13—动模套板;14—支承板;15—动模镶块;16—复位杆;
17—垫块;18—推杆;19—推板;20—动模座板

因斜销抽芯机构结构简单,对于中小型芯的抽芯使用较为普遍。

斜销抽芯机构动作过程如图 8-8 所示,图 8-8(a)所示为合模状态;图 8-8(b)所示为开模抽芯;图 8-8(c)所示为抽芯结束。

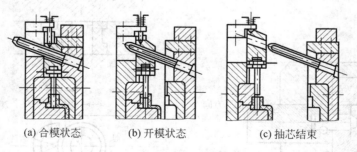

(a) 合模状态　　　(b) 开模状态　　　(c) 抽芯结束

图 8-8　斜销抽芯机构动作过程

8.3.2　斜销抽芯机构零、部件设计

1. 斜销设计

（1）斜销的基本形式和各部分的作用。斜销的基本形式如图 8-9 所示。斜销的倾斜角为 α，一般选用 $10°\sim25°$，作用为强制滑块作抽芯、插芯动作。

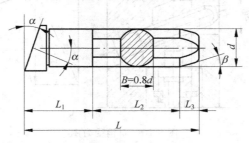

图 8-9　斜销的基本形式

图 8-9 中，d 为斜销的直径，一般为 $\phi10\sim40\text{mm}$，根据抽芯力选用。

长度 L_2 为固定于定模套板内的部分，与定模套板安装孔的配合取 H7/m6 过渡配合。

L_2 段为完成抽芯所需的工作段尺寸，在工作中，其作用主要是驱动滑块做往复运动。滑块在动模套板滑槽中移动的平稳性由导滑槽与滑块间的配合精度保证，合模时滑块的最终准确位置由楔紧块决定。为了使运动灵活，滑块孔与斜销的配合可取较松的间隙配合 H11/h11 或留有 $0.5\sim1\text{mm}$ 的间隙。

斜销头部的 L_3 段为斜销插入滑块斜孔时的引导部分，其锥形斜角 β 应大于斜销的倾斜角 α，一般取 $\beta=\alpha+(2°\sim3°)$ 或 $\beta=30°$，以免在斜销的有效长度离开滑块后，其头部仍然继续驱动滑块。

为了减少斜销工作时的摩擦阻力，将斜销工作段的两侧加工成两个平面，一般取 $B=0.8d$。

（2）斜销斜角 α 的确定。抽芯力方向与分型面平行时，斜角的选择与斜销受到的弯曲力大小、抽芯行程的长短以及斜销有效工作长度等有关，如图 8-10 所示。当抽芯阻力一定时，斜角 α 增大，则斜销受到的弯曲力也增大，完成抽芯所需的开模行程则减小，斜销有效工作长度也减小。因此，从斜销的受力方面考虑，希望 α 值取小一些；从减小斜销长度方面考虑，又希望 α 值取大一些。综合起来考虑，一般情况下 α 值采用 $10°$、$15°$、$18°$、$20°$、$25°$等，最大不大于 $25°$。

（3）斜销直径的计算。斜销所受的力主要取决于抽芯时作用于斜销的弯曲力。斜销直径 d 的计算公式为

$$d=\sqrt[3]{\frac{F_{弯}h}{3000\cos\alpha}} \quad \text{或} \quad d\geqslant\sqrt{\frac{Fh}{3000\cos^2\alpha}} \tag{8-4}$$

式中：$F_{弯}$——斜销承受的最大弯曲力，N；

　　　h——滑块端面至受力点的垂直距离，cm；

　　　F——抽芯力，N。

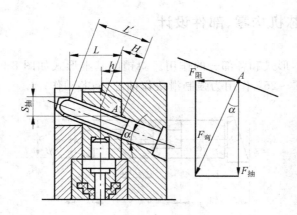

图 8-10   斜销受力图

α—斜销斜角；$S_{抽}$—抽芯距离；H—斜销受力点距离；h—斜销受力点垂直距离；

$F_{抽}$—抽芯阻力；$F_{弯}$—斜销抽芯弯曲力；$F_{阻}$—开模阻力

（4）斜销长度的确定。确定了抽芯力、抽芯距离、斜销位置、斜角、斜销直径及滑块的大致尺寸，在总图上按比例作图进行大致布局后，即可按作图法或计算法来计算斜销的长度。

斜销长度的计算是根据抽芯距离 $S_{抽}$、斜销固定端模套板厚度 H、斜销直径 d 及所采用的斜角 α 的大小来确定的，如图 8-11 所示。斜销总长度 L 的计算公式为（滑块斜孔引导端入口圆角 R 对斜销长度尺寸的影响忽略不计）

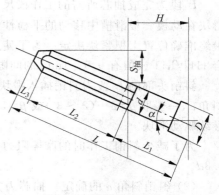

$$L = L_1 + L_2 + L_3 = \frac{D-d}{2}\tan\alpha + \frac{H}{\cos\alpha}$$

$$+ d\tan\alpha + \frac{S_{抽}}{\sin\alpha} + (5 \sim 10) \qquad (8\text{-}5)$$

式中：L_1——斜销固定端尺寸，mm；

图 8-11   斜销长度的计算

L_2——斜销工作段尺寸，mm；

L_3——斜销引导端尺寸，mm，一般取 5～10mm；

$S_{抽}$——抽芯距离，mm；

H——斜销固定端套板厚度，mm；

α——斜销斜角，(°)；

d——斜销工作段长度，mm；

D——斜销固定端台阶直径，mm。

2. 滑块及楔紧块的设计

（1）滑块的基本形式。在侧抽芯机构中，使用最广泛的是 T 形滑块，图 8-12 所示为 T 形滑块的基本形式。图 8-12(a)所示的滑块导滑面在滑块底部，倒 T 形部分导滑，用于较薄的滑块。型芯中心与 T 形导滑面较靠近，抽芯时滑块稳定性较好。图 8-12(b)所示的形式适用于较厚的滑块，T 形导滑面设在滑块中部，使型芯中心尽量靠近 T 形导滑面，以提高抽芯时滑块的稳定性。

滑块的主要尺寸如图 8-13 所示。滑块宽度 C 和滑块高度 B 是按活动型芯外径最大尺寸或抽芯传动元件的相关尺寸（如斜销直径）及滑块受力情况等确定的；B_1 是活动型芯中心到滑块底面的距离。抽单个型芯时，应使活动型芯中心在滑块尺寸 C、B 的中心。抽多个型芯时，活动型芯中心应是各型芯抽芯力的中心，此中心也应在滑块尺寸 C、B 的中心。导滑部分厚度一般取 $B_2 = 15 \sim 25$mm，B_2 尺寸厚一些有利于滑块运动平稳，但要考虑套板强度，应不致使套板强度太弱。导滑部分宽度 B_3 主要承受抽芯中的开模阻力，需要有一定的强度，一般取 $B_3 = 6 \sim 10$mm。滑块长度 L 与滑块高度有关，为使滑块工作时运动平稳，一般取滑块长度 $L \geqslant 0.8C$，同时 $L \geqslant B$。

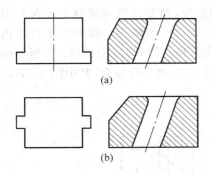

图 8-12　T 形滑块的基本形式

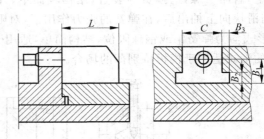

图 8-13　滑块的主要尺寸

（2）滑块导滑部分的结构设计。滑块在导滑槽中的运动要平稳可靠，无上下窜动和卡紧现象。因此，可将滑块导滑部分设计成如图 8-14 所示的导滑槽形式。图 8-14(a) 所示为整体式，强度高，稳定性好，但导滑部分磨损后修正困难，一般用于较小的滑块。图 8-14(b)、(c) 所示为滑块与导滑件组合形式，导滑部分磨损后可修正，加工方便，适用于中型滑块。图 8-14(d)、(e)、(f) 所示为滑槽组合镶拼式，滑块的导滑部分采用单独的导滑板或槽板，通过热处理来提高耐磨性，加工方便，也易更换。

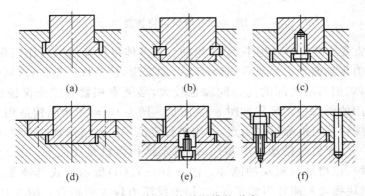

图 8-14　滑块导滑槽的形式

滑块在导滑槽内运动时不能产生偏斜。为此，滑块滑动部分要求有足够的长度，其导滑长度为滑块宽度的 1.5 倍以上。滑块在完成抽芯动作后，留在导滑槽内的长度不少于滑块长度的 2/3；否则，在滑块开始复位时易产生偏斜而损坏模具。为了减小滑块与导滑槽间的磨损，滑块和导滑槽均应有足够的硬度。一般滑块为 53～58HRC，导滑槽为 55～60HRC。

（3）滑块定位装置。开模后，滑块必须停留在刚刚脱离斜销的位置上，不可任意移动；否则，合模时斜销将不能准确进入滑块的斜孔中，从而使模具损坏。因此，必须设计定位装置，以保证滑块离开斜销后可靠地停留在正确的位置上。常用的滑块定位装置如图 8-15 所示。图 8-15（a）所示为最常用的结构，特别适用于滑块向上抽芯的情况。滑块向上抽出后，依靠弹簧的弹力，使滑块紧贴于限位块下方。弹簧的弹力要超过滑块的重量，限位距离 $S_{限}$ 等于抽芯距离 $S_{抽}$ 再加 1～1.5mm 安全值，这种结构适用于抽芯距较短的场合。图 8-15（b）所示形式适用于滑块向下运动的情况，抽芯后滑块靠自重下落在限位块上，省略了螺钉、弹簧等装置，结构较简单。图 8-15（c）所示结构中弹簧处于滑块内侧，当滑块向上抽出后，在弹簧的张力作用下，对限位块限位。图 8-15（d）、（e）、（f）所示的 3 种形式均为弹簧销或钢珠限位，结构简单，适用于水平方向抽芯的场合，其中图 8-15（e）所示的形式适用于模板特别薄的场合。

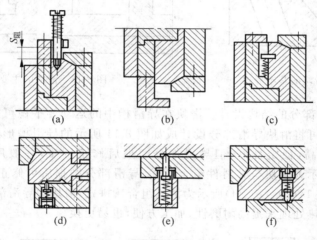

图 8-15　滑块定位装置

（4）锁紧装置。在压铸过程中，型腔内的金属液体以很高的压力作用在侧型芯上，从而推动滑块将力传到斜销上而导致斜销产生弯曲变形，使滑块产生位移，从而影响压铸件的精度。同时，斜销与滑块间的配合间隙也较大，必须靠锁紧装置来保证滑块的精确位置。压铸模常用的滑块锁紧装置如图 8-16 所示。图 8-16（a）所示结构适用于反压力较小的情况。紧固螺钉尽可能靠近受力点，并用销钉定位。这种结构制造简便，便于调整锁紧力，但锁紧刚性差，螺钉易松动。图 8-16（b）所示结构将楔紧块端部延长，在动模体外侧镶接辅助楔紧块，以增加锁紧块的刚性。图 8-16（c）、（d）所示形式其锁紧块固定于模套内，从而使锁紧块强度和刚性得到了提高，用于反压力较大的场合。图 8-16（e）所示为整体式锁紧，优点是滑块受到强大的锁紧力不易移动。但材料消耗较大，并因套板不经热处理，表面硬度低，因此使用寿命短。图 8-16（f）所示结构对图 8-16（e）所示结构进行了改进，楔紧块可进行热处理，耐磨性好，便于调整锁紧力，维修方便。

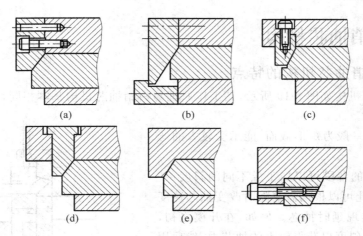

图 8-16　滑块锁紧装置

在设计锁紧装置时应注意,锁紧块的斜角(α')应大于斜销的斜角(α)3°～5°,如图 8-17 所示。

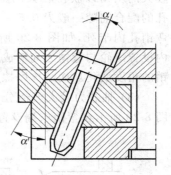

图 8-17　锁紧块斜角及斜销斜角

这样,在开模时,锁紧块很快离开滑块的压紧面,避免锁紧块与滑块间产生摩擦。合模时,在接近合模终点时锁紧块才接触滑块,并最后锁紧滑块,使斜销与滑块孔壁脱离接触,以免压铸时斜销受力。

(5) 滑块与活动型芯的连接。图 8-18 所示为活动型芯与滑块的各种连接方法。当活动型芯尺寸较大时,可用定位销与滑块连接,如图 8-18(a)所示;小型芯可用图 8-18(b)所示的方法连接;薄片型芯的连接如图 8-18(c)所示;大型芯用燕尾榫与滑块连接,如图 8-18(d)所示,小型芯镶入大型芯内固定;若型芯较多,也可采用图 8-18(e)所示的形式将型芯镶入固定板,固定板用骑缝销与滑块连接,如图 8-18(f)所示。

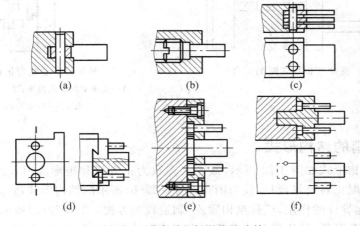

图 8-18　活动型芯与滑块的连接

8.4　弯销抽芯机构

8.4.1　弯销抽芯机构的特点

弯销抽芯机构如图 8-19 所示,其工作原理与斜销抽芯机构基本相同,但又有其自身的特点。

(1)弯销一般为矩形截面,能承受较大的弯曲应力。

(2)弯销的各段可以加工成不同的斜度,甚至是直段,因此可以根据需要随时改变抽芯速度和抽芯力或实现延时抽芯。例如,在开模之初,可采用较小的斜度以获得较大的抽芯力,然后用较大的斜角以获得较大的抽芯距。弯销与弯销孔的配合间隙一般为 0.5～1mm,以防止弯销在弯销孔内卡死,如图 8-20 所示。或者在滑块孔内设置滚轮与弯销之间形成滚动摩擦,以适应弯销的角度变化从而减少摩擦力,如图 8-21 所示。

(3)抽芯力较大或离分型面较远时,可以如图 8-20 所示在弯销末端设置支承块,以增加弯销的强度。

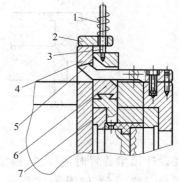

图 8-19　弯销抽芯机构
1—弹簧;2—限位块;3—螺钉;4—楔紧块;
5—弯销;6—滑块;7—型芯

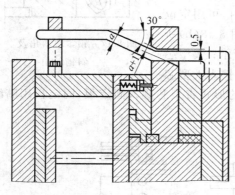

图 8-20　变角弯销抽芯时的配合

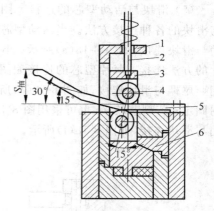

图 8-21　变角弯销抽芯机构
1—支承滑块的限位块;2—螺栓;3—滑块;
4—滚轮;5—变角弯销;6—楔紧块

8.4.2　弯销的结构形式

弯销的结构形式如图 8-22 所示,截面大多数为正方形和矩形。图 8-22(a)所示的结构形式受力情况比斜销好,制造较为困难;图 8-22(b)所示的结构形式适用于抽芯距较小的场合,同时起导柱的作用,模具结构紧凑,制造较为方便;图 8-22(c)所示的结构形式适用于无延时抽芯要求,抽拔离分型面垂直距离较近的型芯;图 8-22(d)所示的结构形式适用于抽拔离分型面垂直距离较远的有延时抽芯要求的型芯。

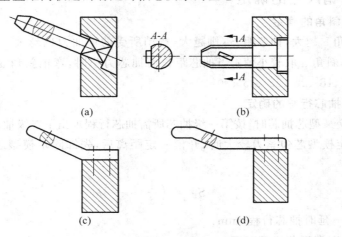

图 8-22　弯销的结构形式

8.4.3　弯销抽芯中的滑块的锁紧

弯销抽芯机构中的滑块在压铸过程中由于活动型芯受到型腔内液态金属压力的作用会发生位移,因此,必须对滑块进行锁紧。弯销比斜销能承受更大的弯矩,当滑块承受的压力不大时,可以直接用弯销锁紧,如图 8-23(a)所示;当滑块承受的压力较大时,可在弯销末端安装支承块来增加弯销的强度,如图 8-23(b)所示;当滑块承受的压力很大时,则需要另加楔紧块,如图 8-23(c)所示。为了保证抽芯机构的正常工作,当 $\alpha > \alpha_1$ 时,则必须保证 $S_{延} > S$。

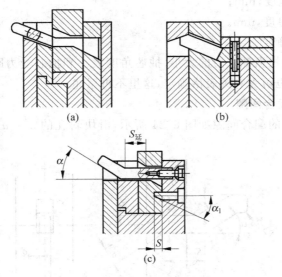

图 8-23　弯销滑块的锁紧

8.4.4 弯销尺寸的确定

1. 弯销斜角的确定

弯销斜角 α 越大,抽芯距 $S_{抽}$ 则越大,弯销所受的弯曲力也越大。因此当抽芯距短而抽芯力大时,斜角 α 取较小值;当抽芯距长而抽芯力小时,弯销斜角 α 取较大值。常用 α 值为 $10°$、$15°$、$18°$、$20°$、$22°$、$25°$、$30°$。

2. 延时抽芯行程的确定

(1)当交叉型芯抽芯时,按第一级抽芯所需抽芯行程求出第二级抽芯所需的延时行程。

(2)当定模型芯包紧力较大时,开模一定距离后,先卸除定模型芯包紧力,再抽出动模型芯,则

$$S_{延} = \left(\frac{1}{3} \sim \frac{1}{2}\right)h \tag{8-6}$$

式中:$S_{延}$——延时抽芯行程,mm;

　　　h——定模型芯成型高度,mm。

(3)楔紧角小于斜角时,开模时先脱出楔紧块高度后再带动滑块抽芯,则

$$S_{延} \geqslant S \tag{8-7}$$

式中:S——楔紧块伸入滑块的高度,mm。

3. 弯销宽度的确定

为保证弯销在工作时稳定可靠,应使弯销具有一定的宽度,具体宽度的计算可以按照公式(8-8)进行,即

$$b = \frac{2}{3}a \tag{8-8}$$

式中:b——弯销的宽度,mm;

　　　a——弯销的厚度,mm。

4. 弯销厚度的确定

弯销的厚度一般根据抽芯力的大小、抽芯角度大小和抽芯受力距离的大小而定。可以按有关公式计算,也可查有关表格确定,这里不再累述。

5. 弯销与孔的配合间隙

弯销与滑块斜孔的配合间隙如图 8-24 所示,滑块斜孔的 $a' = a + 1$(mm),配合间隙取 $\delta = 0.5 \sim 1$mm。

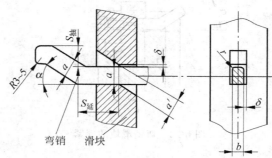

图 8-24　弯销与滑块斜孔的配合间隙

8.5 斜滑块抽芯机构

8.5.1 斜滑块抽芯机构工作原理及结构特点

1. 斜滑块抽芯机构的工作原理

斜滑块抽芯机构如图 8-25 所示。图 8-25(a)所示为合模状态,合模时,斜滑块 5 端面与定模分型面接触,使斜滑块进入动模套板 2 内复位,直至动模、定模完全闭合。各斜滑块间密封面由压铸机锁模力锁紧。开模时,压铸机推出机构推动推杆 4,推杆推动斜滑块向前移动。在推出过程中,由于动模套板内斜导槽的作用,使斜滑块在向前移动的同时也向两侧移动分型,在推出铸件的同时抽出铸件的侧凹或侧孔,如图 8-25(b)所示。

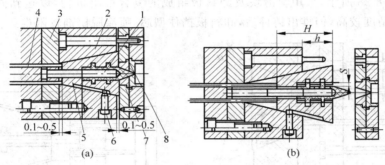

图 8-25 斜滑块抽芯机构

1—型芯;2—动模套板;3—型芯固定板;4—推杆;5—斜滑块;
6—限位螺钉;7—定模镶块;8—定模套板

2. 斜滑块抽芯机构的结构特点

从斜滑块抽芯机构的工作原理可以看出,该结构的特点如下。

(1)斜滑块抽芯机构的抽芯距不能太长,结构较简单。

(2)抽芯与推出的动作是重合在一起的。

(3)斜滑块的闭合和锁紧是依靠压铸机的锁紧力来完成的。

由于斜滑块抽芯机构的结构紧凑,动作可靠,它适用于压铸件侧抽芯面积较大,侧孔、侧凹较浅的场合。

8.5.2 斜滑块抽芯机构的设计要点

(1)斜滑块抽芯机构通过合模后压铸机的锁紧力压紧斜滑块,在动模套板上产生一定的预应力,使斜滑块分型面之间有良好的密封性,防止形成飞边,影响铸件的精度。这就要求斜滑块与动模套板之间具有良好的装配精度。斜滑块底部与动模套板之间应有 0.5~1mm 的间隙,斜滑块端面高出动模套板分型面 0.1~0.5mm。

(2)在多块斜滑块的抽芯机构中,各斜滑块推出要求同步,以防止铸件由于受力不均匀而产生变形。达到同步推出的方法如下。

① 在斜滑块上设置横向导销,强制斜滑块同步推出,如图 8-26 所示。

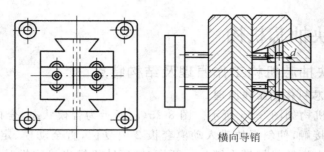

横向导销

图 8-26　横向导销保持同步的结构

②推出机构的推杆前端增设导向套,使推板导向平稳,从而保证斜滑块推出的同步,如图 8-27 所示。

③如图 8-28 所示,采用斜滑块及卸料板组成的复合推出机构,以达到同步的效果。该结构同步精度较高,但推出铸件后,卸料板挡住型芯,喷涂脱模剂较困难。

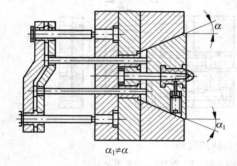

$\alpha_1 \neq \alpha$

图 8-27　推杆导向套保持同步的结构

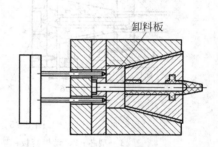

卸料板

图 8-28　复合推出保持同步的结构

(3)在定模型芯包紧力较大的情况下,开模时,斜滑块和铸件可能留在定模型芯上,或斜滑块受到定模型芯的包紧力而产生位移,使铸件变形。此时应设置强制装置,确保开模后斜滑块稳定地留在动模套板内。图 8-29 所示为开模时斜滑块因限位销的作用,避免斜滑块的径向移动,从而强制斜滑块留在动模套板内的结构。

(4)防止铸件留在一侧斜滑块上的措施如下。

①动模部分设置可靠的导向元件,使铸件在承受侧向拉力时仍能沿着推出方向在导向元件上移动,可防止铸件在推出和抽芯时,由于各斜滑块的抽芯力大小不同,将铸件拉向抽芯力大的一边,使铸件取出困难。

图 8-30 所示为无导向元件的结构。开模后,铸件留在抽芯力较大的一侧,影响铸件的取出。

图 8-31 所示为采用动模导向型芯的结构,铸件可顺利推出。

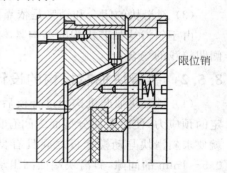

限位销

图 8-29　限位销强制斜滑块留
在动模套板内的结构

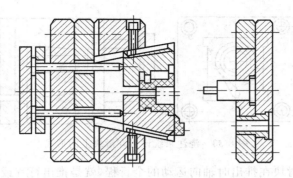

图 8-30　铸件留在斜滑块一侧的无导向元件结构

② 斜滑块成型部分应有足够的脱模斜度和较低的表面粗糙度值,防止铸件受到较大的侧向拉力而发生变形。

(5) 内斜滑块的端面应低于型芯的端面($\delta = 0.05 \sim 0.10$mm),如图 8-32 所示;否则,在推出铸件时,由于内斜滑块的端面陷入铸件底部,阻碍内斜滑块的径向移动。在内斜滑块边缘的径向移动范围内(即 $L > L_1$),铸件上不应有台阶,否则会阻碍内斜滑块的移动。

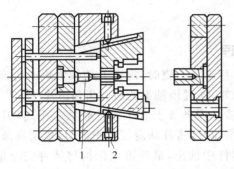

图 8-31　动模导向型芯结构
1—导向型芯;2—限位螺钉

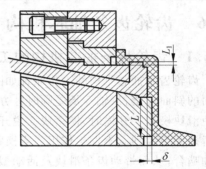

图 8-32　内斜滑块的端面结构

(6) 对于抽芯距较长或推出力较大的斜滑块,由于工作时斜滑块的底部与推杆的端面摩擦力较大,这两个端面应有较高的硬度和较低的表面粗糙度值。

(7) 斜滑块的推出距离除了可用推板和支承板之间的距离进行限制外,还应设置限位螺钉。对于模具下方的斜滑块,应避免推出后由于重心失稳而滑出导向槽,所以应特别设置限位螺钉。

(8) 尽量不在斜滑块的主分型面上设置浇注系统,防止金属液进入套板和斜滑块的配合间隙。在特定情况下,可将流道设置在定模分型面上,如图 8-33 所示。

(9) 带有深腔的铸件,采用斜滑块抽芯机构时,需要计算开模后能取出铸件的开模行程。

(10) 推出高度的确定。推出高度 l 可以由式(8-9)计算,即

$$l = \frac{S_{\text{抽}}}{\tan \alpha} \tag{8-9}$$

式中:$S_{\text{抽}}$——滑块的抽芯距离,mm;
　　　α——斜滑块的斜角,(°)。

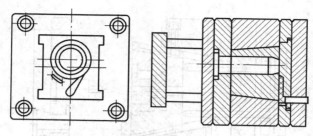

图 8-33   浇注系统设置在滑块上的形式

推出高度是斜滑块在推出时轴向运动的全行程,就是推出行程或抽芯行程。

（11）导向斜角 α 的确定。导向斜角 α 需要在确定推出高度及抽芯距离 $S_{抽}$ 后按式(8-10)求出,即

$$\alpha = \arctan \frac{S_{抽}}{l} \tag{8-10}$$

按式(8-10)计算的 α 值较小,应进位取整数值后再按推荐值选取。导向斜角推荐值为 $5°$、$8°$、$10°$、$12°$、$15°$、$18°$、$20°$、$22°$ 和 $25°$。

8.6   齿轮齿条抽芯机构

8.6.1   齿轮齿条抽芯机构的工作原理

齿轮齿条抽芯机构的工作原理如图 8-34 所示。合模时,定模上的楔紧块 6 与齿轴 5 端面的斜面楔紧,齿轴 5 承受顺时针方向的力矩,通过齿轴上的齿与齿条滑块 4 上齿的作用使滑块楔紧。开模时,楔紧块 6 脱开,由于传动齿条 3 上有一段延时抽芯距离,因此传动齿条 3 与齿轴 5 不发生作用。当楔紧块完全脱开,铸件从定模中脱出后,传动齿条才与齿轴啮合,从而带动齿条滑块及活动型芯从铸件中抽出,最后推出机构将铸件完全推出。抽芯结束后,齿条滑块由可调的限位螺钉 1 限位,保持齿条齿轴的顺利复位。

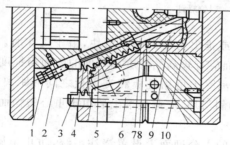

图 8-34   齿轮齿条抽芯机构

1—限位螺钉；2—螺钉固定块；3—传动齿条；
4—齿条滑块；5—齿轴；6—楔紧块；7—活动型芯；
8—动模；9—动模型芯；10—定模

8.6.2   齿轮齿条抽芯机构的设计要点

（1）传动齿条的齿形。从加工方便和具备较高的传动强度来考虑,传动齿条宜采用渐开线短齿。为达到传动平稳、开始啮合条件较好等因素,取下列几何参数:模数 $m=3\text{mm}$、

齿轴齿数 $z=12$、压力角 $20°$。以下有关计算皆以上述参数为依据。

（2）传动齿条的截面形式常用的有以下两种。

① 装于模具内的啮合传动，采用圆形截面传动齿条，止转销定位，如图 8-35 所示。

② 装于模具外侧的啮合传动，采用矩形截面传动齿条，受力段用滚轮压紧，如图 8-36 所示。

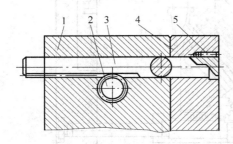

图 8-35　圆形截面传动齿条图

1—动模；2—齿轴；3—齿条；

4—定模；5—止转轴

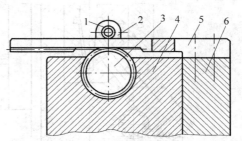

图 8-36　矩形截面传动齿条

1—滚轮；2—座架；3—齿轴；

4—动模；5—齿条；6—定模

（3）齿轴齿条的模数及啮合的宽度是决定齿轮齿条抽芯机构承受抽芯力的主要参数，当 $m=3\text{mm}$ 时，可承受的抽芯力按式（8-11）估算，即

$$F = 3500B \tag{8-11}$$

式中：F——抽芯力，N；

　　　B——啮合宽度，cm。

（4）开模结束时，传动齿条与齿轴脱开，为了保证合模时传动齿条与齿轴的顺利啮合，齿轴应位于正确的位置上，为达到此目的，齿轴应有定位装置，如图 8-37 所示。

合模结束后，传动齿条上有一段延时抽芯行程，传动齿条与齿轴也脱开，通过对齿条滑块的楔紧使齿轴的基准齿谷的对称中心线 A 与传动齿条保持垂直，以保证开模抽芯时准确啮合，如图 8-38 所示。

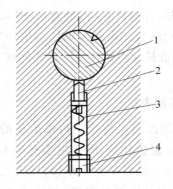

图 8-37　齿轴的定位装置

1—齿轴；2—定位销；3—弹簧；4—螺塞

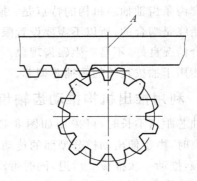

图 8-38　齿轮齿条的正确位置

8.6.3　滑套齿轴齿条抽芯机构

图 8-39 所示为滑套齿轴齿条抽芯机构。图 8-39(a)所示为合模状态,齿条滑块 5 由固定在定模上的拉杆 1 的头部台阶压紧在滑套齿条 2 的内孔螺塞 4 的端面上,通过齿啮合来楔紧。

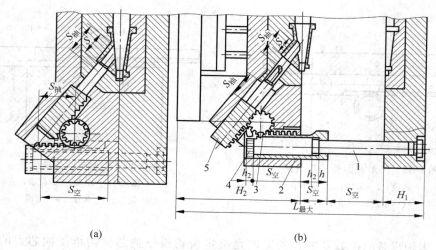

(a)　　　　　(b)

图 8-39　滑套齿轴齿条抽芯机构

1—拉杆;2—滑套齿条;3—齿轴;4—内孔螺塞;5—齿条滑块

图 8-39(b)所示为开模状态,在开模初期,滑套齿条固定于定模的拉杆上,有一段空行程 $S_空$,因此开模初期不抽芯。当拉杆头部的台阶与滑套齿条的上端面接触后,滑套齿条开始带动齿轴转动,拨动齿条滑块开始抽芯,当达到压铸机最大开模行程时,型芯应完全脱离铸件。

合模时,拉杆在滑套齿条内滑动一段空行程 $S_空$,当拉杆头部与滑套齿条内孔螺塞端面接触时,滑套齿条开始推动齿轴转动,拨动齿条滑块插芯到模具完全闭合,完成复位动作。

滑套齿条齿轴抽芯机构的特点是:抽芯过程及开、合模终止时,滑套齿条、齿轴及齿条滑块始终是啮合的,所以不需要设置限位装置。并且,滑套齿条齿轴抽芯机构工作时,齿间啮合情况良好,不易产生碾齿现象。但滑套齿条过长时会使模具的厚度增加,因此该机构不能用于抽拔较长的侧抽芯型芯。

8.6.4　利用推出机构推动齿轴齿条的抽芯机构

当抽芯距离不长时,可采用如图 8-40 所示的利用推出机构推动齿轴齿条的抽芯机构。合模时,由于伸出动模分型面的传动齿条 4、14 比复位杆长,因此定模套板先与传动齿条接触,推动一次推板 2 后退,同时带动齿轴 16 旋转,型芯齿条滑块 12、15 复位。合模结束时二次推板 5 与支柱 7 相接触。开模时,铸件首先从定模 9 脱离。当压铸机顶杆推动一次推板 2 使传动齿条 4、14 向前移动时,带动齿轴 16 旋转、型芯齿条滑块 12、15 进行抽芯。抽芯结束后,一次推板碰到二次推板,推动二次推板向前运动,从而将铸件推出。

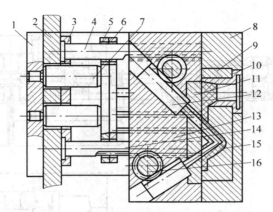

图 8-40　利用推出机构推动齿轴齿条的抽芯机构

1—动模座板；2—一次推板；3—齿条固定板；

4、14—传动齿条；5—二次推板；6—推杆固定板；7—支柱；

8—定模套板；9—定模；10—浇口套；11—动模；

12、15—型芯齿条滑块；13—动模套板；16—齿轴

这种机构在开模及合模终止时，各齿间不脱离啮合，因此不会产生齿条与齿轴的干涉现象。但推出部分行程较长，模具厚度较大。

8.7　液压抽芯机构

8.7.1　液压抽芯机构的工作原理及特点

液压抽芯机构如图 8-41 所示，它由液压抽芯器 1、抽芯器座 2、联轴器 3、拉杆 4、滑块 5 及活动型芯 6 组成。液压抽芯器借助于抽芯器座安装在压铸模具上，通过联轴器将滑块、活动型芯与液压抽芯器连成一体，利用高压油带动活塞运动，将活动型芯插入或抽出型腔。图 8-41(a) 所示为合模状态，此时定模楔紧块锁紧滑块，模具处于压铸状态。开模时，楔紧块脱离滑块，接着高压油进入液压抽芯器油缸的前腔，带动活塞后退，从而抽出活动型芯。图 8-41(b) 所示为开模后尚未抽芯的状态。图 8-41(c) 所示为抽芯状态。继续开模，推出机构推出铸件。复位时，高压油进入液压抽芯器油缸的后腔，推动活塞右移，带动活动型芯复位，然后再合模，使模具处于压铸状态。

液压抽芯机构的特点如下。

(1) 可以抽拔抽芯阻力较大、抽芯距较长的型芯。

(2) 可以抽拔任何方向的型芯。

(3) 可以单独使用，随时开动。当抽芯器压力大于型芯所受反压力 1/3 左右时，可以不装楔紧块。这样，该机构可以在开模前进行抽芯，使铸件不易变形。

(4) 液压抽芯器为通用件，有 10kN、20kN、30kN、40kN、50kN、100kN 等各种规格可供选用。用液压抽芯可以使模具结构缩小。

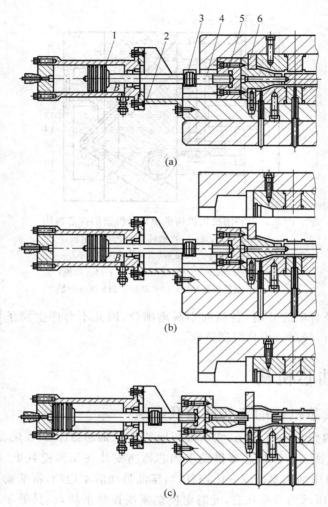

图 8-41　液压抽芯机构
1—液压抽芯器；2—抽芯器座；3—联轴器；4—拉杆；5—滑块；6—活动型芯

8.7.2　液压抽芯机构设计要点

（1）滑块受力分析计算。当抽芯器设置在动模上，而且活动型芯的投影面积较大时，为防止在压铸时活动型芯受到型腔反压力的作用而后移，应设置楔紧块。滑块的受力状况如图 8-42 所示。

① 楔紧滑块所需的作用力 $F_作$ 按式（8-12）计算，即

$$F_作 \geqslant K \frac{F_反 - F_锁}{\cos\alpha} = K \frac{PA - F_锁}{\cos\alpha} \tag{8-12}$$

式中：$F_反$——压铸时的反压力，N；

$\quad$ P——压射比压，MPa；

$\quad$ A——受压铸反力的投影面积，mm²；

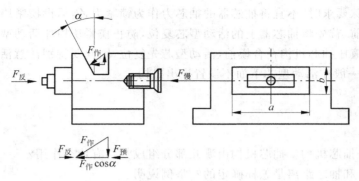

图 8-42 滑块受力分析

K——安全值，取 $K = 1.25$；

$F_{锁}$——抽芯器锁芯力，N，具体见表 8-1；

α——滑块楔紧角，(°)。

表 8-1 抽芯器锁芯力的计算公式

	抽芯时有背压	抽芯时无背压
简图		
已知抽芯器活塞直径的计算公式	$F_{锁} = p \dfrac{\pi d^2}{4}$	$F_{锁} = p \dfrac{\pi D^2}{4}$
已知抽芯器活塞杆直径的计算公式		$F_{锁} = F_{抽} + p \dfrac{\pi d^2}{4}$
说明	式中：D——抽芯器活塞直径，mm； 　　　　d——抽芯器活塞杆直径，mm； 　　　　p——管路压力，MPa； 　　　　$F_{锁}$——抽芯器锁芯力，N； 　　　　$F_{抽}$——抽芯器抽芯力，N；	

② 锁芯力计算。液压抽芯机构中，当抽芯器设置在定模时，开模前需先抽芯，不能设置楔紧块，只能依靠抽芯器本身的锁芯力锁住滑块型芯，锁芯力的计算取决于抽芯器活塞的投影面积和油路压力。此外，还与压铸机的油路系统有关。当抽芯器的前腔有常压时，则锁芯力较小；抽芯器的前腔道回油时，则锁芯力大。抽芯器锁芯力的计算公式参见表 8-1。

（2）抽芯力的计算见前述相关内容。当抽芯力及抽芯距确定后，选用抽芯器时应按所算得的抽芯力乘以 1.3 的安全值。

（3）抽芯器不宜设置在操作者一侧，以免发生事故。

（4）无特殊要求时，不宜将抽芯器的抽芯力作为锁紧力，需另设楔紧块锁紧。

（5）合模前，首先将抽芯器上的活动型芯复位，防止楔紧块损坏活动型芯或滑块。

（6）由于液压抽芯机构在合模前，活动型芯先复位，因此要特别注意活动型芯与推出系统的干涉。一般在活动型芯下面不设置推出机构。

思考题

1. 什么是抽芯机构？抽芯机构由哪几部分组成？各有什么作用？

2. 抽芯力和抽芯距离是怎样确定的？举例说明。

3. 斜销侧抽芯机构主要有哪些零件组成？简述其工作过程。

4. 举例说明斜销斜角与斜销抽芯力和抽芯距离之间的相互关系。

5. 试比较斜销抽芯机构与斜滑块抽芯机构的异同及各自的适用场合。

6. 齿轮齿条抽芯机构一般应用在什么场合？

7. 液压抽芯机构有什么优点？什么情况下采用液压抽芯机构抽芯？

第9章

推出机构设计

在压铸的每一个循环中,都必须将铸件从压铸模具型腔中脱出,用来完成这一工序的机构称为推出机构。推出机构一般设置于动模上。

9.1 推出机构的组成与分类

9.1.1 推出机构的组成

推出机构的组成如图 9-1 所示,一般推出机构由下列几部分组成。

(1)推出零件。在推出机构中,凡直接与压铸件相接触,并将压铸件推出型腔或型芯的零件称为推出零件,包括推杆、推管、卸料板、成型推块、斜滑块等。

(2)复位零件。保证推出零件在合模后回到原来位置的零件称为复位零件,如复位杆、推件板、斜滑块、弹簧等。

(3)限位零件。限位零件保证推出机构在压射力的作用下不改变位置,起到止退的作用,如挡钉、挡圈等。

(4)导向零件。导向零件引导推出机构的运动方向,防止推板倾斜和承受推板等元件的重量,如推板导柱(导钉、导杆支柱)、推板导套等。

(5)结构零件。结构零件使推出机构各零件装配成一体,起固定的作用,如推杆固定板、推板、其他连接件、辅助零件等。

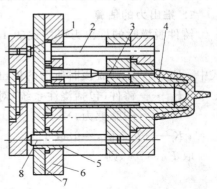

图 9-1 推出机构的组成

1—限位钉;2—复位杆;3—推杆;
4—推管;5—推板导套;6—推杆固定板;
7—推板;8—推杆导柱

9.1.2 推出机构的分类

推出机构按其基本的传动形式,可分为机动推出机构、液压推出机构和手动推出机构3类。

(1)机动推出机构:利用开模动作,由压铸机上的顶杆推动模具上的推出机构,将铸件从模具型腔中推出。

（2）液压推出机构：利用安装在模具上或模座上专门设置的液压油缸，开模时铸件随动模移至压铸机开模的极限位置，然后再由液压油缸推动推出机构，推出铸件。

（3）手动推出机构：铸件随动模移至开模的极限位置，然后由人工来操作推出机构实现铸件的脱模。

推出机构根据不同的推出元件可分为推杆推出机构、推管推出机构、推板推出机构、斜滑块推出机构及齿轮传动推出机构等。

根据模具的结构特征，推出机构又可分为常用推出机构、二级推出机构、多次分型推出机构、成型推杆推出机构、定模推出机构等。

9.2　推出机构的推出力与推出距离

9.2.1　推出力的确定

推出过程中，使压铸件推出成型零件所需的力称为推出力。压铸时，高温的金属液在高压的作用下快速充满型腔，冷却凝固后，铸件收缩对型芯产生包紧力。当铸件从型芯上或型腔中推出时，必须克服这一由包紧力而产生的阻力及推出机构运动时所产生的摩擦阻力。在铸件开始脱模的瞬间所需的脱模力最大，此时需克服铸件收缩产生的包紧力和推出机构运动时的各种阻力。继续脱模时，只需克服推出机构的运动阻力。在压铸中，由包紧力产生的阻力远大于其他摩擦阻力。所以计算推出力时，主要是指开始脱模的瞬时所需克服的阻力。

1. 推出力的估算

铸件脱模时的推出力可按式（9-1）计算，即

$$F_{推} > K F_{包} \tag{9-1}$$

式中：$F_{推}$——铸件脱模时所需的推出力，N；

　　　$F_{包}$——铸件（包括浇注系统）对模具成型零件的包紧力及推出铸件外形与型腔壁
　　　　　　的摩擦力，N；

　　　K——安全值，一般取 1.2。

取 $F_{包} = pA$，则

$$F_{推} > KpA \tag{9-2}$$

式中：p——挤压应力（单位面积包紧力），锌合金 $p = 6 \sim 8\text{MPa}$；铝合金 $p = 10 \sim 12\text{MPa}$；
　　　　铜合金 $p = 12 \sim 16\text{MPa}$；

　　　A——铸件包紧型芯的侧面积，m^2。

2. 受推面积和受推力

在推出力的推动下，铸件受推出零件所作用的面积称为受推面积。单位面积上的推出力称为受推力。推荐的许用受推力 $[p]$ 为锌合金 40MPa，镁合金 30MPa，铝合金 50MPa，铜合金 50MPa。

3. 影响推出力的主要因素

推出力的大小主要与铸件包容型芯的侧面积有关，成型侧面积越大，所需的推出力越大；推出力的大小与脱模斜度有关，脱模斜度越大，所需的推出力越小。此外，推出力的大小还与铸件成型部分的壁厚有关，铸件壁越厚，产生的包紧力越大，则推出力也越大；与型

芯的表面粗糙度有关,表面粗糙度值越低,型芯表面越光洁,则推出力越小;与铸件在模内停留的时间、压铸时的模温有关,铸件在模内停留的时间越长,压铸时模温越低,则推出力越大;还与压铸合金的化学成分、压射力、压射速度等工艺参数有关。许多因素在不断变化,如模温、铸件在模内停留的时间等,所以即使所有影响因素都考虑到了,结果仍只能是个近似值。

9.2.2　推出距离的确定

在推出元件的作用下,铸件与其相应的成型零件表面的直线位移或角位移称为推出距离。推出距离的计算如图 9-2 所示。

图 9-2(a)所示为直线推出:$H \leqslant 20$ 时,$S_推 \geqslant H + K$;$H > 20$ 时,$H/3 \leqslant S_推 \leqslant H$;使用斜钩推杆时,$S_推 \geqslant H + 10$;$H$ 为滞留铸件的最大成型长度(mm),当凸出成型部分为阶梯形时,H 值以各阶梯值中最长的一段计算;$S_推$ 为直线推出距离(mm),当脱模斜度小或成型长度较大时,$S_推$ 取偏大值;K 为安全值,一般取 $K = 3 \sim 5$mm。

图 9-2(b)所示为旋转推出:$n_推 \geqslant (H + K)/T$;$n_推$ 为旋转推出转数(转);H 为成型螺纹长度(mm);T 为螺纹导程(mm);K 为安全值,一般取 $K = 3 \sim 5$mm。

图 9-2(c)所示为摆动推出:$\alpha_推 = \alpha + \alpha_k$;$\alpha_推$ 为摆动推出角度(°);α 为铸件旋转面夹角(°);α_k 为安全值,一般取 $\alpha_k = 3° \sim 5°$。

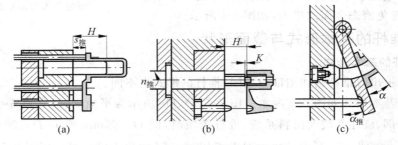

图 9-2　推出距离的计算

9.3　推杆推出机构

9.3.1　推杆推出机构的组成和特点

压铸模具中最常用的推出机构是推杆推出机构。如图 9-3 所示,推杆推出机构主要由推杆 1,复位杆 2,推板导柱 3,推板导套 4,推杆固定板 5,推板 6 及挡圈 7 组成。大部分推杆推出机构采用圆形推杆,圆形推杆形状简单、制造方便。推杆位置可以根据铸件对型芯包紧力的大小及推出力是否均匀来确定。推杆推出机构动作简单、安全可靠,不易发生故障,所以使用最广泛。但由于推杆直接作用于铸件表面,在铸件上会留下推杆痕迹,影响铸件的表面质量。由于推杆截面积较小,推出时单位面积所承受的力较大,如果推杆设置不

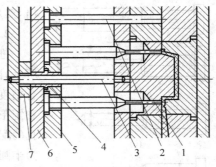

图 9-3　推杆推出机构
1—推杆;2—复位杆;3—推板导柱;
4—推板导套;5—推杆固定板;
6—推板;7—挡圈

当,易使铸件变形或局部损坏。

9.3.2　推杆推出部位的设置

（1）推杆应合理布置,使铸件各部位所受推力均衡。

（2）尽量在铸件凸缘、加强肋及强度较高的部位设置推杆。

（3）铸件有深腔和包紧力大的部位应选择正确的推杆直径和数量,同时推杆可兼有排气、溢流的作用。

（4）避免在铸件重要的表面和基准面设置推杆,可在增设的溢流槽上设置推杆。

（5）推杆的推出位置应避免与活动型芯发生干涉。

（6）必要时,在流道上应合理布置推杆,有分流锥时,在分流锥部位设置推杆。

（7）推杆的布置应考虑模具的成型零件有足够的强度,如图 9-4 所示,图中的 $S>3mm$。

（8）推杆直径 d 应比成型尺寸 d_0 小 0.4～0.6mm,推杆边缘与成型立壁保持一个小距离 δ,形成一个小台阶,可以避免液态金属的窜入,如图 9-4 所示。

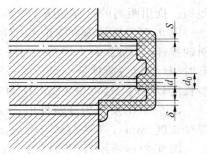

图 9-4　保证模具强度和防止配合
间隙窜入金属推杆的位置

9.3.3　推杆的基本形式与截面形状

1. 推杆的基本形式

铸件在推出时推杆的作用部位不同,推杆的形式也不同。

推杆的基本形式如图 9-5 所示。图 9-5(a)、(b)所示为平面形,通常设置于铸件的端面、凸台、肋部、浇注系统及溢料系统,推杆较粗时,即 $D>\phi6mm$ 或 $L/D<20$ 时,可采用图 9-5(a)所示的形式;当推杆较细即 $D<\phi6mm$ 或 $L/D>20$ 时,可采用图 9-5(b)所示的后部加强的阶梯形形式;图 9-5(c)所示的圆锥形头部的推杆常用于分流锥中心孔处,既有分流作用又有推出直流道的作用;图 9-5(d)所示为斜钩形推杆,直流道没有分流锥时,可采用该种形式。开模时,斜钩将直流道从定模中拉出,然后再推出。

2. 推杆推出端的截面形状

推杆的截面形状多种多样,常见的截面形状如图 9-6所示,图 9-6(a)所示为圆形推杆,制造和维修都很方便,配合精度高,因此应用最广泛;图 9-6(b)、(c)所示为正方形和矩形推杆,四角应避免锐角,装配时还应注意推杆与推杆孔的配合,四周及四角应防止出现溢料现象;图 9-6(e)所示为半圆形推杆,推出力与推杆中心略有偏心,通常用于推杆位置受到局限的场合;图 9-6(f)所示为扇形推杆,加工较困难,通常为了避免与分型面上横向型芯发生干涉,取代部分推杆以推出铸件;对于厚壁筒形件,可用图 9-6(d)所示

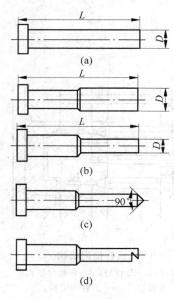

图 9-5　推杆的基本形式

平圆形推杆代替扇形推杆,这样可简化加工工艺,避免内径处的锐角;图 9-6(g)所示为腰圆形推杆,强度高,可替代矩形推杆,以防止四角处的应力集中。

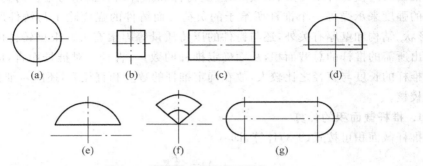

图 9-6　推杆推出端的截面形状

9.3.4　推杆的止转方式和固定形式

1. 推杆的止转方式

为防止推杆在工作过程中发生转动而影响工作,甚至损坏模具,必须设置止转装置。常见的止转装置有圆柱销、平键等止转方式。

2. 推杆的固定方式

根据其尾部的形状不同,推杆可采用不同的固定方法,如图 9-7 所示。图 9-7(a)所示为整体式,该结构强度高,不易变形,但对于多根推杆,各推杆的深度尺寸 h 的一致性难以保证。为此,常用图 9-7(b)所示的形式,用垫块或垫圈在推板与推杆固定板之间保证尺寸 h 的一致性。图 9-7(c)所示为铆接形式,推杆直接铆接在推板上,不需要再设推杆固定板,该方法可以节省材料,但连接强度较低。图 9-7(d)所示为螺塞固定式,直接将螺塞拧入推板,推杆由轴肩定位,螺塞拧紧后可防止推杆轴向移动。当推杆直径较大时,可采用螺钉固定式,如图 9-7(e)所示。而图 9-7(f)所示为螺母固定式,螺母固定式结构简单,制造方便,应用广泛,但容易造成松动,使用时应注意安全。

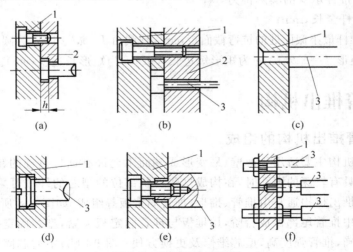

图 9-7　推杆的固定形式

1—推板；2—推杆固定板；3—推杆

9.3.5　推杆的尺寸

推出时为使铸件不变形、不损坏,应从铸件和推杆两方面来考虑。对铸件而言,应有足够的强度来承受每一个推杆所给予的负荷。而铸件的强度除了与铸件所用的合金种类、形状、结构和壁厚有关外,还与铸件的压铸质量等因素有关。根据铸件的许用应力可计算出所需的推杆的总截面积,从而确定推杆的数量、直径。对推杆而言,应有足够的刚度。推杆的长度与直径之比较大,故在确定推杆的数量和直径后,还应对细长推杆的刚度进行校核。

1. 推杆截面积的计算

推杆截面积可按式(9-3)计算,即

$$A = \frac{F_{推}}{n[\sigma]} \tag{9-3}$$

式中: A——推杆前端截面积,mm^2;

　　$F_{推}$——推杆承受的总推力,N;

　　n——推杆数量;

　　$[\sigma]$——许用受推力,MPa,铜合金、铝合金$[\sigma]=50MPa$;锌合金$[\sigma]=40MPa$;镁合金$[\sigma]=30MPa$。

2. 推杆的稳定性

为保证推杆的稳定性,需要根据单个推杆的细长比调整推杆的截面积。推杆承受静压力下的稳定性可根据式(9-4)计算,即

$$K_{稳} = \eta \frac{EJ}{F_{推} l^2} \tag{9-4}$$

式中: $K_{稳}$——稳定安全倍数,钢取$K_{稳}=1.5\sim3$;

　　η——稳定系数,$\eta=20.19$;

　　E——弹性模量,N/cm^2,钢取$E=2\times10^7 N/cm^2$;

　　$F_{推}$——推杆承受的实际推力,N;

　　l——推杆全长,mm;

　　J——推杆最小截面处的抗弯截面矩,cm^4,圆截面$J=\pi d^4/64$,d为圆截面直径(cm),矩形$J=a^3b/12$,a为矩形短边长(cm),b为矩形长边长(cm)。

9.4　推管推出机构

9.4.1　推管推出机构的组成

推管推出机构主要适用于薄壁、易变形或端面不允许有推杆痕迹的铸件。铸件的形状为圆筒形或具有较深的圆孔时,在构成这些形状部位的型芯的外围可采用推管作为推出元件。推管推出机构通常由推管、推板、推管固定板等组成,如图9-8所示。

图9-8(a)中推管尾部做成台阶,用推板与推管固定板夹紧,型芯固定在动模座板上,该结构定位准确,推管强度高,型芯维修及更换方便;图9-8(b)中型芯固定在支承板上,推管在支承板内移动,该结构推管较短,刚性好,制造方便,装配容易,但支承板厚度较大,

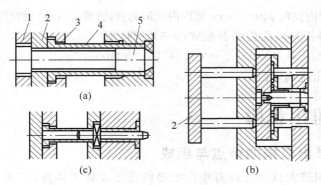

图 9-8　推管推出机构

1—动模座板；2—推板；3—推管固定板；4—推管；5—型芯

适用于推出距离较短的铸件；图 9-8(c)所示为型芯直径较大，推出距离较长，该结构比较简单，但装配比较麻烦。

9.4.2　推管设计要点

推管推出机构中，推管的精度要求较高，间隙控制较严格，推管内型芯的安装固定应方便牢固，且便于加工。对于推管推出机构，当采用机动推出时，推出后推管包围着型芯，难以对型芯喷涂脱模剂；如采用液压推出，因推出后可立即复位，推管不会包围住型芯，对喷涂脱模剂无影响。

（1）设计推管推出机构时，应保证推管在推出时不擦伤型芯及相应的成型表面，故推管的外径应比铸件外壁尺寸单面小 $0.5\sim1.2$mm，推管的内径应比铸件的内径单边大 $0.2\sim0.5$mm，尺寸变化处用圆角 $R0.15\sim0.12$mm 过渡，如图 9-9 所示。推管与推管孔的配合、推管与型芯的配合，根据不同的压铸合金而定，具体可参见表 9-1。

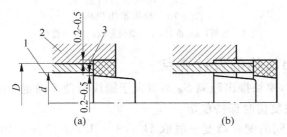

图 9-9　推管内、外径设计

1—型芯；2—动模镶块；3—推管

表 9-1　推管与推管孔及型芯的配合

压铸合金	推管外径与推管孔	推管内径与型芯
锌合金	H7/f7～H7/c8	H8/h7
铝合金	H7/c8～H7/d8	H8/h7
铜合金	H7/d8～H7/e8	H8/h7

(2) 通常推管内径在 $\phi10\sim60$mm 范围内选取为宜,管壁应有相应的厚度,取 $1.5\sim6$mm。

(3) 推管的导滑封闭段长度 L 按式(9-5)计算,即

$$L = (S_{推} + 10) \geqslant 20\text{mm} \tag{9-5}$$

式中:$S_{推}$——推出距离,mm。

9.5   推板推出机构

9.5.1   推板推出机构的特点与组成

对于端面面积较大且不允许有推出痕迹的薄壁壳体类铸件,可采用推板推出机构。推板推出的特点是作用面积大,推出力大,铸件推出时平稳、可靠,表面没有推出痕迹,但推板推出机构推出后,型芯难以喷涂脱模剂。

图 9-10 所示为最常用的两种推板推出机构。图 9-10(a) 所示为整块模板作为推件板,推出后推件板底面与动模板分开一段距离,清理较方便,且有利于排气,应用广泛;图 9-10(b) 所示为镶块式推件板,推件板嵌在动模套板内,该结构制造方便,但易堆积金属残屑,应注意经常取出清理。

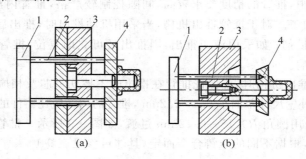

图 9-10   推板推出机构

1—推板;2—推杆;3—动模套板;4—推件板

9.5.2   推板推出机构的设计要点

(1) 推出铸件时,镶块推出距离 $S_{推}$ 不得大于镶块与动模固定型芯结合面长度的 2/3,以使推板推出机构在复位时保持稳定。

(2) 型芯与镶块间的配合精度一般取 H7/e8~H7/d8 之间。如型芯直径较大,与推件板配合段可做成 1°~3°斜度,以保证顺利推出。

9.6   推出机构的复位与导向

9.6.1   推出机构的复位与预复位机构

在压铸的每一个循环中,推出机构将铸件推出后,在下一个压铸循环前,推出零件都必须准确地回复到原来的位置。这一动作通常由复位机构来实现,并用限位钉作最后定位,使推出机构在合模状态下处于准确、可靠的位置。

1. 复位机构设计

推出机构中的复位机构如图 9-11 所示。合模时，复位杆 9 与定模分型面相接触，推动推板 2 后退，与限位钉 8 相碰而止，达到精确复位。

复位机构的设计要点如下。

（1）一般在型腔、抽芯机构、推出机构确定后，选择合理的空间位置设计复位机构。一般设置 4 根或 2 根复位杆和 4 个限位钉，复位杆和限位钉应对称布置，使推板受力均匀。

（2）限位钉等限位元件尽可能设置在铸件的投影面积内，以改善推板的受力状况。

（3）复位杆和限位钉有标准零件可供选用。

2. 预复位机构设计

预复位机构是压铸模合模前或合模过程中，在

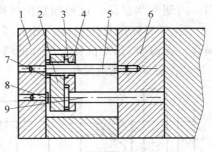

图 9-11　复位机构

1—动模座板；2—推板；3—推杆固定板；
4—导套；5—导柱；6—动模套板；
7—垫圈；8—限位钉；9—复位杆

动模、定模闭合前，将推出零件送回到原来起始位置的一种装置。当推出元件与活动型芯在插芯时发生干涉，或推出元件推出后的位置影响到嵌件的安放时，必须采用预复位机构。采用预复位的推出机构仍应用复位零件和限位零件来保证合模状态的准确位置。

通常压铸模中预复位机构有液压预复位机构和机械预复位机构两种。

（1）液压预复位机构。目前，大部分压铸机上都安装有液压推出器，模具推板与液压缸连接，通过电器和液压系统的控制，按照一定程序实现推出与预复位。其中一部分压铸机液压推出器安装于压铸机动模板中心，只能实现中心推出与预复位；而另一部分压铸机液压缸上附带有推出板，不但可以实现中心推出与预复位，而且可以实现非中心推出与预复位。

（2）机械预复位机构。压铸模中机械预复位机构有以下几种。

① 摆杆预复位机构如图 9-12 所示，合模时，预复位杆 1 推动摆杆 4 上的滚轮 2，使摆杆绕轴 5 逆时针方向旋转，从而推动推板 3 和推杆 6 预先复位。这种预复位机构适合于在推出距离较大时使用。

② 三角滑块预复位机构如图 9-13 所示，合模时，预复位杆 1 推动三角滑块 2 移动，同时三角滑块又推动推板 3 及推杆 4 预先复位。这种预复位机构适用于推出距离较小的情况。

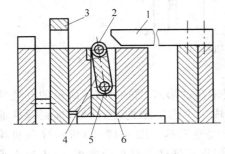

图 9-12　摆杆预复位机构

1—预复位杆；2—滚轮；3—推板；
4—摆杆；5—轴；6—推杆

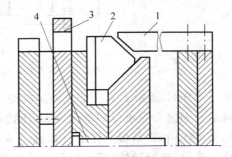

图 9-13　三角滑块预复位机构

1—预复位杆；2—三角滑块；3—推板；4—推杆

③ 滑轴式预复位机构如图 9-14 所示,推出时,滑轴 3 受到回程挡块 2 的斜面作用,向外侧滑移。合模时,预复位杆 1 头部斜面先触动滑轴,迫使推出机构预先复位。这时滑轴则向内侧滑移复位。这种预复位机构适用于推出距离不大的情况。

④ 双摆杆预复位机构如图 9-15 所示。双摆杆预复位机构适合于推出距离特别长的场合。合模时,预复位杆 1 头部的斜面与双摆杆头部的轴 4 作用推动推杆固定板 6,推板 8 带动推杆 7 实现预复位。

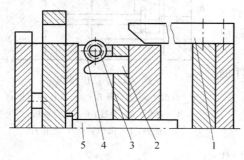

图 9-14　滑轴式预复位机构

1—预复位杆;2—回程挡块;3—滑轴;

4—滚轮;5—推杆

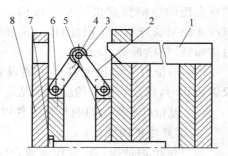

图 9-15　双摆杆预复位机构

1—预复位杆;2、3—摆杆;4—轴;5—垫板;

6—推杆固定板;7—推杆;8—推板

9.6.2　推出机构的导向

为保证推出机构动作的平稳,应设置推出导向机构。有些推出机构的导向零件还可兼作动模支承板的支承作用。常见的推出导向机构如图 9-16 所示,利用推杆或复位杆兼起推出机构的导向零件,该结构适用于小型模具,导向精度要求不高,导向零件与动模套板选用 H8/f9 的配合精度。

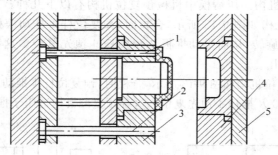

图 9-16　推出导向机构

1—推杆;2—复位杆;3—动模套板;4—定模套板;5—定模座板

图 9-17 所示为另设推出导向机构,导向精度要求高的形式,图 9-17(a)所示的导柱的两端分别嵌入支承板和动模座板,压铸模具后部组成一个框形结构,刚性好,推板导柱兼起支承作用,支承板刚性也有提高。该结构适用于大型模具。图 9-17(b)所示导向机构结构简单,推板导柱、推板导套容易达到配合要求,但推板导柱容易单边磨损,且不起支承作用,推板复位时靠定位圈定位,该结构用螺钉紧固定位圈,生产中容易松动,适用于小型模具。图 9-17(c)所示结构加工方便,精度容易保证,推板导柱兼起支承作用,适用于中型

模具。图 9-17(d)所示为套筒导向,套筒用内六角螺钉固定于动模套板上,推板在套筒上滑动,这样既可省略导柱又有限位作用,适用于中、小模具,但不启动模支承作用。

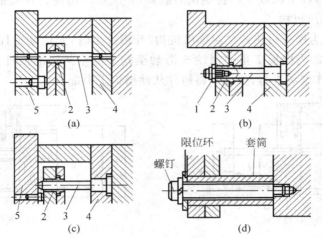

图 9-17   推出导向机构的形式
1—定位圈;2—推板导套;3—推板导柱;4—支承板;5—动模座板

9.7   其他推出机构

对一些结构特殊的压铸件,常规的推出机构难以顺利将其推出压铸模具,则可按铸件的不同结构形式或工艺要求等设计特殊的推出机构。这些推出机构无固定的形式,在设计压铸模具时,可视具体情况而定。

9.7.1   动模液压缸倒抽式推出机构

如图 9-18 所示,铸件为壁厚 1.1mm 的薄壁圆筒形铸件,对动模型芯的包紧力较大,不宜采用推杆推出机构,则可采用动模液压缸倒抽式推出机构,先卸除型芯的包紧力,再推出铸件。液压缸 1 通过连接器 2 与推板 3、型芯 6 连接。开模时,液压缸 1 带动推板 3、型芯 6 倒抽,型芯脱离铸件后,溢流槽推杆 7、流道推杆 8 开始推出铸件。楔紧销 5 在合模后起楔紧的作用,倒抽型芯 6 之前,楔紧销由液压缸作用而退出。

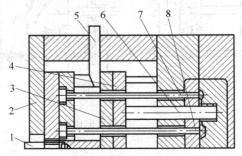

图 9-18   动模液压缸倒抽式推出机构
1—液压缸;2—连接器;3—推板;4—推杆固定板;
5—楔紧销;6—型芯;7—溢流槽推杆;8—流道推杆

9.7.2 二次推出机构

由于铸件的特殊形状或生产自动化的需要,一次推出易使铸件变形或不能自动脱落时,可采用二次推出机构。

图 9-19 所示为楔板滑块式二次推出机构,开模推出时,先推动推杆 3、4 和动模板 1,使铸件脱出型芯 2,当楔板 7 迫使滑块 5 滑动至其上的空间对准推杆 4 时,完成一次推出。二次推出动作继续进行,推杆 3 将铸件从动模板 1 中推出。

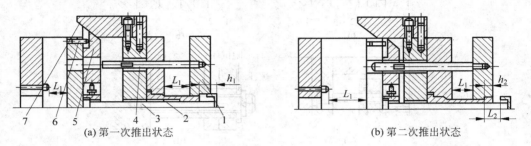

(a) 第一次推出状态   (b) 第二次推出状态

图 9-19 楔板滑块式二次推出机构

1—动模板;2—型芯;3、4—推杆;5—滑块;6—止动销;7—楔板

设计要点如下。

(1) 弹簧必须有足够的弹力,同时滑块 5 运动要灵活。

(2) $L_1 \geqslant h_1$,$L_2 \geqslant h_2$,$L = L_1 + L_2$。

9.7.3 摆动推出机构

摆动推出机构适用于推出带有内、外弧形的铸件,按其固有的弧形轨道将铸件顺利推出。

图 9-20 所示为摆板推出机构,定模镶块 1 与滑块组合形成铸件外形,沿圆弧轴心线分界。摆板 4 能绕心轴 5 作摆动。球形推杆 7 可在摆板 4 的椭圆形槽内滑动,摆板 4 沿心轴 5 摆动,将铸件沿圆弧轴线推出。

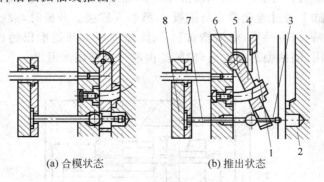

(a) 合模状态   (b) 推出状态

图 9-20 摆板推出机构

1—定模镶块;2—滑块;3—内六角螺钉;4—摆板;

5—心轴;6—动模套板;7—球形推杆;8—推板

思考题

1. 推出机构的组成是什么？推出零件是指的什么零件？
2. 推出机构的设计原则有哪些？
3. 比较推杆、推管、推件板 3 种推出机构的优、缺点及其适用场合。
4. 什么情况下要采用预复位机构？

第 10 章

压铸模材料与模具使用寿命

10.1 压铸模材料选择和热处理要求

压铸模的使用寿命与压铸模的材质密切相关。压铸模零、部件主要分为与金属液接触的零部件、滑动配合零部件和模架结构零件。压铸模型腔与流道等部件在金属的压力铸造生产过程中,直接与高温、高压、高速的金属液相接触。一方面受到金属液的直接冲刷、磨损、高温氧化和各种腐蚀。另一方面由于生产的高效率,模具温度的升高和降低非常剧烈,并形成周期性的变化。因此,压铸模的工作环境十分恶劣。所以,在选择压铸模的材料时就应当予以注意。

对选择压铸模的材料要求如下。

(1) 具有良好的可锻性和切削性。

(2) 高温下具有较高的红硬性、高温强度、抗回火稳定性和冲击韧度。

(3) 具有良好的导热性和抗疲劳性。

(4) 具有足够的高温抗氧化性。

(5) 热膨胀系数小。

(6) 具有高的耐磨性和耐蚀性。

(7) 具有良好的淬透性和较小的热处理变形率。

压铸模主要零件材料的选用及热处理要求见表 10-1。

压铸模成型零件(动、定模镶块、型芯等)及浇注系统零件使用的热作模具钢必须进行热处理。压铸模零件淬火后即进行回火,以免开裂,回火次数为 2～3 次。压铸铝、镁合金用的压铸模硬度以 43～48HRC 最适宜。为防止粘模,可在淬火处理后进行软氮化或氮化处理,氮化层深度为 0.08～0.15mm,硬度 HV≥600。压铸铜合金的压铸模硬度宜取低些,一般不超过 44HRC。

表 10-1　压铸模主要零件材料的选用及热处理要求

项　目		压　铸　合　金			热处理要求	
		锌合金	铝合金、镁合金	铜合金	压铸锌合金、铝合金、镁合金	压铸铜合金
与金属液接触的零件	动模镶块、定模镶块、型芯、活动型芯、滑块中成型部位等成型零件	4Cr5MoSiV1 3Cr2W8V (3Cr2W8) 5CrNiMo 4CrW2Si	4Cr5MoSiV1 3Cr2W8V (3Cr2W8)	3Cr2W8V (3Cr2W8) 4Cr3Mo3W2V 4Cr3Mo3Si 4Cr5MoSiV1	43～47HRC (4Cr5MoSiV1) 44～48HRC (3Cr2W8V)	38～42HRC
	流道镶块、流道套、分流锥、导流块等浇注系统	4Cr5MoSiV1 3Cr2W8V (3Cr2W8)		4Cr5MoSiV1		
滑动配合零件	导柱、导套、斜销、弯销、滑块、楔紧块等	T8A、T10A、GCr15			50～55HRC	
	推杆	4Cr5MoSiV1、3Cr2W8V(3Gr2W8)			45～55HRC	
		T8A、T10A、GCr15			50～55HRC	
	复位杆	T8A、T10A、GCr15			50～55HRC	
模架结构零件	动模套板、定模套板、动模座板、定模座板、支承板、垫块、推板、推杆固定板等	45			调质 220～250HBS	
		Q235				

10.2　影响压铸模使用寿命的因素

　　压铸模的损伤形式主要有粘模、腐蚀、侵蚀和热裂,这些损伤的特征与应力有关。而热裂的概率较大,是模具损伤和失效的主要因素。应力则是产生热裂的主要原因,因而考察应力产生的原因并提出改进的措施可以提高压铸模的使用寿命。

　　压铸模在使用过程中由于应力集中导致过负荷而损伤往往是多个环节的累积效应的结果,这些环节主要有模具的结构、材料的选择、材料的材质、材料的加工与使用过程及使用环境等。模具的结构设计要避免受力不均匀,满足压铸工艺和加工工艺要求,对于较复杂零、部件的压铸模具还应配备良好的模温控制系统。与金属液接触的模具零件采用的是高合金材料,这些材料的铸锻质量与材料处理后的均质程度也将明显地影响模具在加工过程中的质量,并影响使用寿命。在这些高合金模具钢中,析出相似弥散的球状分布将有利于提高材料性能,这些方面的内容可参阅相关专业书籍。在模具的制造和使用过程的相关环节也会影响模具的质量,制造过程中可能产生的各种应力,如切、铣、磨等加工应力,不正确的热处理也会产生应力。模具在使用过程中所产生的应力是指浇注和凝固过程中的热应力、机械应力,这些应力叠加将会产生应力集中。在加工制造过程中就会产生缺陷,在使用过程中极易导致热裂产生,因而需认真对待和处理。

10.2.1　压铸模制造过程中产生的应力

这类应力根据加工类型分为冷加工和热处理所产生的应力。

1. 冷加工时产生的应力

冷加工时产生切削应力可通过中间退火消除。切削热还会引起模具钢表层硬化,如图 10-1 所示。

2. 磨削时产生的应力

淬火钢磨削时易出现以下 3 种情况。

(1)磨削应力。由于磨削时产生应力,生成摩擦热,引起钢的表层强度下降,当这种应力超过钢的强度时,就会产生裂纹,如图 10-2 所示。

图 10-1　切削热引起模具钢表面
硬化(脆白亮层)

图 10-2　磨削裂纹

(2)产生软表层。由于摩擦热,使钢的表层回火甚至过回火(超过回火温度)和脱碳,从而生成一软表层,降低了热疲劳强度,容易导致热裂。

(3)磨削加工时,总会在压铸模型腔表面产生磨削应力,从而降低有用的疲劳强度,也会导致早期裂纹。因此精磨后,对 4Cr5MoSiV1 可加热至 510~570℃,并以每 25mm 厚度保温 60min 进行消除应力退火。对 3Cr2W8V 可在 420~440℃保温 45~50min,并在锭子油中冷却 15min,然后在苛性钠溶液中冷却 15min。

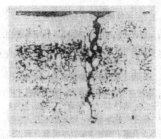

图 10-3　EDM 加工后 D2 钢
表面上的裂纹

3. 电火花加工的影响

在成型零件进行电火花加工时,其表面产生一富集电极元素和电介质元素的脆而硬的白亮层。白亮层往往应力较大且有裂纹(如图 10-3、图 10-4 所示)。在压铸循环的热疲劳作用下,已存在的裂纹会扩大且易产生新的裂纹。解决这个问题的办法是:一方面控制电火花加工规范,包括电流强度和频率,在进行电火花精加工时,应采用高频率电流,这样可使白亮层减至最小限度;另一方面必须用抛光等方法去除白亮层,同时要进行回火处理,回火应在三级回火温度下进行。

熔化和再凝固层

再硬层

未影响的组织

400 600 800 1000 HV

图 10-4　EDM 模具钢零件上的脆壳表面及其硬度

4. 模具表面粗糙度的影响

模具表面的尖棱角不加修整会产生应力集中,降低疲劳强度,从而导致过早热裂。

5. 热处理时产生的应力

热处理在压铸模制造中往往被看成是决定性的阶段。据统计,由于热处理不当造成压铸模早期失效占整个压铸模事故的 44% 左右。钢淬火时所产生的应力实际上是冷却过程的热应力与相变时的组织应力叠加的结果。一般钢淬火后处于高应力状态,具有高硬度和强度,但很脆,实际上不能使用。而淬火应力是造成变形、开裂、磨削裂纹等缺陷的原因,同时也导致疲劳强度、冲击韧性下降。由于淬火钢的这些性质,因此必须进行回火。回火的目的一般为消除内应力,稳定组织,提高韧性,牺牲一点强度与硬度而得到较好的综合性能。回火往往是最后的热处理操作,它对钢的性能起着很大的作用。由于钢的导热性限制,钢在加热到淬火温度时,必须经 2～3 次均热。同时加热速度也不应快,特别是含钨的钢导热性差,更应如此,否则会由于内、外温度差而产生应力,引起变形和裂纹。

钢在淬火前退火状态的良好程度对淬火后的组织有较大的影响。良好的退火组织应球化。这样,淬火组织为均匀的细马氏体。原始退火状态不是均匀的球化组织,淬火后则得到不良的淬火组织。钢淬火时冷却速度慢,晶界上有中间转变产物。过高温度下淬火获得的粗马氏体对模具寿命是很有害的。钢加热时必须防止氧化、脱碳,脱碳层的疲劳强度是很低的。

10.2.2　压铸模浇注过程中的应力

在压铸时压铸模同时受到各种形式的冲击,如热、机械、化学和操作冲击,这些都是产生应力的根源。

1. 机械冲击

压铸过程会引起机械冲击,如侵蚀和机械应力,侵蚀首先使模具内浇口区损伤,机械冲击在 50～150MPa 压力范围内,低于模具中的热应力。

2. 热冲击—热应力、热疲劳与蠕变

除了机械冲击外,还有热冲击,它强烈影响模具寿命。合金液压射入型腔后,使型腔

表面迅速升温,型腔表面温度可骤升到 550～650℃,如图 10-5 所示,致使与合金液接触处的热强度迅速降低,并产生热应力。在温差为 200～500℃ 时,热应力可达到 600～1500MPa,这显然超过了模具材料在高温时的强度。模具表面周期性温度变化引起周期性的热膨胀和收缩,以及周期性热应力(图 10-6),而热应力正是引起热裂的原因。周期性热应力变化导致模具钢产生热疲劳和蠕变。

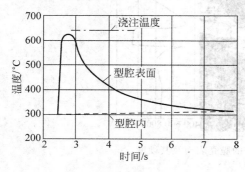
图 10-5   型腔表面温度变化

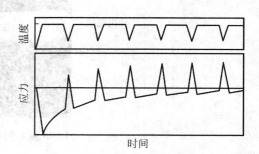
图 10-6   型腔表面温度-应力曲线示意图

3. 韧性

压铸模用热作模具钢不仅需要足够的强度,而且需要高的韧性,这是材料韧性断裂前积蓄塑性变形的能力。高的韧性有助于延长模具寿命,它能延迟初始热裂及其发展扩大。除了材料本身的高韧性,还有一点值得注意,即模具温度与其韧性的关系,温度升高有利于提高模具的韧性。因此,模具在工作前必须预热。模具预热既可提高韧性,又可降低温度梯度,以减小热应力。

为了消除浇注过程中热应力的集聚,往往在新模具投产压铸 5000～10000 次后进行一次消除应力处理,然后经 20000～30000 次压铸后再进行一次,以后第 30000～40000 次再进行处理。处理温度在第一级回火温度的 20～40℃ 下,并保温数小时。另外,加热时要防止氧化,为此可以采用真空、保护气氛、盐浴或装箱(装入防氧化材料)进行。压铸模经过中间去应力退火,使用寿命可得到较大提高。

10.2.3   模具损伤的其他原因

模具型腔表面受力不均匀,受力大的部位由于过度变形易产生裂纹。由于粘模,残屑在模具上没有得到彻底清除,在合模时模具表面只与这些残屑接触。则机器的全部锁模力集中在与残屑接触的局部面积上,这些区域的压力可能超过模具材料的强度,引起锤击硬化或产生裂纹。因此,保持模具表面较高的清洁度有助于延长压铸模寿命和避免早期裂纹。

由于汽蚀所产生的缺陷,造成金属液对型腔材料的吸附电化学作用和渗氢过程,在型腔汽蚀处发生阳极过程,增加应力集中。由于渗氢而发生氢脆,会更加促进裂纹的形成。汽蚀主要是由于金属蒸气和裹气(包括金属液体中溶解的气体),尤其是裹气在型腔中的低压区先膨胀,而后当压力升高时产生内向爆破,从而扯拉出型腔表面上金属质点而造成的。因此需要对熔化的液态合金尽可能充分地除气,采用低速压射和较低的浇注温度,正确调节第二级压射和启动时间,尽可能地提高压室充满度以减少裹气。

必要时对模具的型腔和型芯进行表面强化,如 PVD、PACVDTi-C-N 或 Ti-B-N 沉积层,与优化的涂料相结合,有利于防止热冲击、腐蚀、磨损,有利于铸件脱模和提高模具寿命。

此外,按正确的操作程序和及时进行良好的模具维护能提高模具使用寿命并使模具处于良好的工作状态。

思考题

1. 压铸模的常用材料和热处理要求有哪些?
2. 压铸模损伤的常见原因有哪些?
3. 应从哪些方面入手提高压铸模使用寿命?

第 11 章

压铸模技术要求与设计程序

11.1 压铸模技术要求

1. 压铸模装配图上的技术要求

装配图上应标注以下几点技术要求。

(1) 模具的最大外形尺寸(长×宽×高)。

(2) 选用压铸机的型号。

(3) 选用压室的内径、比压或喷嘴直径。

(4) 最小开模行程。

(5) 推出机构的推出行程。

(6) 所选用的压铸材料。

(7) 模具有关附件的规格、数量和工作程序。

(8) 特殊机构的动作过程。

2. 压铸模外形和安装部位的技术要求

(1) 各模板的边缘均应倒角 C_2,安装面应光滑平移,不应有突出的螺钉头、销钉、毛刺和击伤等痕迹。

(2) 在模具非工作表面上醒目的地方打上明显的标记,包括以下内容:产品代号、模具编号、制造日期、模具制造厂家名称或代号。

(3) 在定模、动模上分别设有吊装螺钉孔,质量较大的零件(≥25kg)也应设置起吊螺孔。

(4) 模具安装部位的有关尺寸应符合所选用压铸机的相关对应尺寸,且装拆方便,压室的安装孔径和深度必须严格检查。

(5) 分型面上除导套孔、斜销孔外,所有模具制造过程中的工艺孔、螺钉孔都应堵塞,并且与分型面平齐。

3. 总体装配精度的技术要求

(1) 模具分型面对定、动模座板安装平面的平行度,见表 11-1。

表 11-1 模具分型面对定、动模座板安装平面的平行度 单位：mm

被测面最大直线长度	≤160	160～250	250～400	400～630	630～1000	1000～1600
公差值	0.06	0.08	0.10	0.12	0.16	0.20

（2）导柱、导套对定、动模座板安装面的垂直度，见表 11-2。

表 11-2 导柱、导套对定、动模座板安装面的垂直度 单位：mm

导柱、导套的有效长度	≤40	>40～63	L>63～100	>100～160	>160～250
公差值	0.015	0.020	0.025	0.030	0.040

（3）在分型面上，定模、动模镶块平面应分别与定模、动模套板齐平，可允许略高，但应控制在 0.05～0.10mm 范围内。

（4）推杆、复位杆应分别与分型面平齐，推杆允许突出分型面，但不大于 0.1mm。复位杆允许低于分型面，但不大于 0.05mm。

（5）模具所有活动部件应保证位置准确，动作可靠，不得有卡滞和歪斜现象。相对固定的零件不得相对窜动。

（6）流道的转接处应光滑连接，镶拼处应紧密，未注脱模斜度不小于 5°，表面粗糙度 $Ra≤0.4\mu m$。

（7）滑块运动应平稳，合模后滑块与楔紧块应压紧，接触面积不小于 3/4，开模后定位准确、可靠。

（8）合模后分型面应紧密贴合，局部间隙不大于 0.05mm（排气槽除外）。

（9）冷却水路应畅通，不应有渗漏现象，进水口和出水口应有明显标记。

（10）所有成型表面粗糙度 $Ra≤0.4\mu m$，所有表面不允许有击伤、擦伤和微裂纹。

4. 压铸模结构零件的公差与配合

压铸模是在高温下进行工作的，因此在选择压铸模零件的配合公差时，不仅要求在室温下达到一定的装配精度，而且要求在工作温度下保证各部分结构尺寸稳定、动作可靠。尤其是与金属液直接接触的零件部位，在充填过程中受到高压、高速和热交变应力，与其他零件配合间隙容易产生变化，影响压铸的正常进行。配合间隙的变化除了与温度有关以外，还与模具零件的材料、形状、体积、工作部位受热程度以及加工装配后实际的配合性质有关。因此，压铸模零件在工作时的配合状态十分复杂。通常应使配合间隙满足以下两点要求。

（1）对于装配后固定的零件，在金属液冲击下应不产生位置上的偏差。受热膨胀后变形不能使配合过紧，以防模具镶块和套板局部严重过载而导致模具开裂。

（2）对于工作时活动的零件，受热后应维持间隙配合的性质，保证在充填过程中金属液不致流入配合间隙。

根据国家标准（GB/T 1800～1803—1997，GB/T 1804—1999），结合国内外压铸模制造和使用的实际情况，现将压铸模各主要零件的公差与配合精度推荐如下。

（1）成型尺寸的公差。一般公差等级规定为 IT9 级，个别特殊尺寸在必要时可取 IT6～IT8 级。

（2）成型零件配合部位的公差与配合。

① 与金属液接触受热量较大零件的固定部分主要指套板和镶块、镶块和型芯、套板和浇口套、镶块和分流锥等。公差配合要求为：整体式配合类型和精度为 H7/h6 或 H8/h7；镶拼式的孔取 H8；轴中尺寸最大的一件取 h7，其余各件取 js7，并应使装配累计公差为 h7。

② 活动零件活动部分的配合类型和精度：活动零件包括型芯、推杆、推管、成型推板、滑块、滑块槽等，孔取 H7，轴取 e7、e8 或 d8。

③ 镶块、镶件和固定型芯的高度尺寸公差取 F8。

④ 基面尺寸的公差取 js8。

（3）模板尺寸的公差与配合。

① 基面尺寸的公差取 js8。

② 若型芯为圆柱或对称形状，从基面到模板上固定型芯的固定孔中心线的尺寸公差取 js8。

③ 若型芯为非圆柱或对称形状，从基面到模板上固定型芯的边缘尺寸公差取 js8。

④ 组合式套板的厚度尺寸公差取 h10。

⑤ 整体式套板的镶块孔的深度尺寸公差取 h10。

⑥ 滑块槽的尺寸公差：滑块槽到基面的尺寸公差取 f7；对组合式套板，从滑块槽到套板底面的尺寸公差取 js8；对整体式套板，从滑块槽到镶块孔底面的尺寸公差取 js8。

（4）导柱、导套的公差与配合。

① 导柱、导套固定处，孔取 H7，轴取 m6、r6 或 k6。

② 导柱、导套间隙配合处，若孔取 H7，则轴取 k6 或 f7；若孔取 H8，则轴取 e7。

（5）导柱、导套与基面之间的尺寸。

① 从基面到导柱、导套中心线的尺寸公差取 js7。

② 导柱、导套中心线之间距离的尺寸公差取 js7，或者配合加工。

（6）推板导柱、推杆固定板与推板之间的公差与配合：孔取 H8，轴取 f8 或 f9。

（7）型芯台、推杆台与相应尺寸的公差：孔台深取 +0.05～+0.10mm；轴台高取 -0.03～-0.05mm。

（8）各种零件未注公差尺寸的公差等级：此类均为 IT14 级，孔用 H，轴用 h，长度（高度）及距离尺寸按 js14 级精度选取。

5. 压铸模结构零件的形位公差和表面粗糙度

形位公差是零件表面形状和位置的偏差。成型工作零件的成型部位和其他所有结构件的基准部位形位公差的偏差范围一般均要求在尺寸的公差范围内，在图样上不再另加标注。压铸模零件其他表面的形位公差按表 11-3 所示选取，在图样上标注。

表 11-3　压铸模零件的形位公差选用精度等级

有关要素的形位公差	选用精度
导柱固定部位的轴线与导滑部分轴线的同轴度	5～6 级
圆形镶块各成型台阶表面对安装表面的同轴度	5～6 级
导套内径与外径轴线的同轴度	6～7 级
套板内镶块固定孔轴线与其他套板上孔的公共轴线同轴度	圆孔 6 级,非圆孔 7～8 级
导柱或导套安装孔的轴线与套板分型面的垂直度	5～6 级
套板的相邻两侧面为工艺基准面的垂直度	5～6 级
镶块相邻两侧面和分型面对其他侧面的垂直度	6～7 级
套板内镶块孔的表面与其分型面的垂直度	7～8 级
镶块上型芯固定孔的轴线对分型面的垂直度	7～8 级
套板两平面的平行度	5 级
镶块相对两侧面和分型面对其底面的平行度	5 级
套板内镶块孔的轴线与分型面的端面圆跳动	6～7 级
圆形镶块的轴线对其端面的径向圆跳动	6～7 级
镶块的分型面、滑块的密封面、组合拼块的组合面等的平行度	≤0.05mm

压铸模零件的表面粗糙度既影响压铸件的表面质量,又影响模具的使用、磨损和寿命。应按零件的工作需要选取,各部位适宜的表面粗糙度见表 11-4。

表 11-4　压铸模的表面粗糙度　　　　单位：μm

表 面 部 位	表面粗糙度 Ra
镶块、型芯等成型零件的成型表面和浇注系统表面	0.1～0.2
镶块、型芯、流道套、分流锥等零件的配合表面	≤0.4
导柱、导套、推杆、斜销等零件的配合表面	≤0.8
模具分型面、各模板间的接合面	≤0.8
型芯、推杆、流道套、分流锥等零件的支承面	≤1.6
非工作的其他表面	≤6.3

11.2　压铸模设计程序

压铸模设计程序随设计人员的技术熟练程度和习惯不同而异,一般程序如下所述。

（1）对压铸件进行结构分析。

在设计压铸模前,首先对压铸件进行结构分析,在可能的情况下,使压铸件更加符合压铸工艺要求。

① 在满足压铸件结构强度的条件下,宜采用薄壁结构。这样不仅可减轻压铸件的重量,也减少了模具的热载荷。压铸件壁厚应均匀,避免热节,减少局部热量集中,降低模具材料的热疲劳。

② 压铸件所有转角处应当有适当的铸造侧角,以避免相应部位形成棱角,使该处产生裂纹和塌角。

③ 压铸件上应尽量避免窄而深的凹穴,以免模具的相应部分出现尖劈,使散热条件恶化而产生断裂。压铸件上有过小的圆孔时,可只在压铸件表面上压出中心孔位置,然后再对压铸件机加工。

④ 分析用压铸方法加工能否达到压铸件上的尺寸精度,若不能达到,则应留加工余量以便后加工,压铸件能达到的尺寸精度见表 11-5。

表 11-5   压铸件的尺寸精度(IT 值)   单位:mm

压铸件的材料	压铸件空间对角线长度							
	~50	>50~180	>180~500	>500	~50	>50~180	>180~500	>500
	可能达到的公差等级(GB/T 1800—1997)				配合尺寸公差等级(GB/T 1800—1997)			
锌合金	8~9	10	11	12~13	10	11	12~13	—
铝合金	10	11	12~13	12~13	11	12~1 3	14	14
镁合金	10	11	12~13	12~13	11	12~13	14	14
铜合金	11	12~13	14	12~13	12~13	14	—	—

(2) 选择分型面及浇注系统。

根据选择分型面的基本原则合理选择分型面的位置,并根据铸件的结构特点合理选择浇注系统,使铸件具有最佳的压铸成型条件、最长的模具寿命和最好的模具机械加工性能。

(3) 型腔数目的确定。

(4) 浇注、溢流与排气系统的设计。

(5) 选择压铸机型号。

根据铸件的形状、尺寸及工厂实际压铸机的拥有情况,选定压铸机的型号规格。

(6) 成型零件设计。

(7) 结构零件设计。

(8) 确定压铸模结构。

在确定压铸模结构时,应考虑下列情况。

① 模具中各零件应有足够的刚性,以承受锁模力和金属液充填时的胀型力,且不产生变形。所有与金属液接触的部位均应选择耐热模具钢。

② 尽量防止金属液正面冲击或冲刷型芯,避免流道流入处受到冲蚀。当上述情况不可避免时,受冲蚀部分应做成镶块式,以便经常更换;也可采用较大的内流道截面来保持模具的热平衡,以提高模具寿命。

③ 合理选择模具镶块的组合形式,避免锐角、尖劈,以适应热处理的要求。推杆与型芯孔应与镶块的边缘保持一定的距离,以免减弱镶块的强度。模具易损部分也应考虑用镶拼结构,以便更换。

④ 成型处有拼接后容易在铸件上留下拼接痕,拼接痕的位置应考虑铸件的美观和使用性能。

⑤ 模具的尺寸大小应与选择的压铸机相对应。

（9）调温系统的设计。

（10）绘制压铸模装配图。压铸模装配图反映各零件之间的装配关系,主要零件的形状、尺寸及压铸的工作原理。

（11）对相关零件进行刚度或强度计算。

（12）绘制压铸模零件图。

在设计压铸模零件时应注意以下几点。

① 成型零件和浇注系统的零件,其材料和热处理硬度见表 10-1。

② 压铸锌、镁、铝合金的成型零件经淬火工艺处理后,成型面要进行软氮化或氮化处理,氮化深度为 0.08～0.15mm,硬度≥600HV。

③ 模具零件非工作部位棱边均应倒角或倒圆。型面与分型面或型芯、推杆等相配合的交接边缘不允许倒角或倒圆。

④ 零件设计应考虑制造工艺的可能性。

⑤ 零件图的绘制应首先从成型零件开始,然后再逐步设计出动模、定模套板,垫板,滑块等结构零件。

⑥ 零件设计结束后,应经过仔细复核,以免造成差错。

思考题

1. 如何考虑压铸模零件的配合间隙?

2. 压铸模装配图应注明哪些技术要求?

3. 试分析各类型压铸模的结构特点。

4. 简述压铸模的设计程序。

第12章

压铸模设计实例与结构图例

12.1 吊扇电机转子压铸模设计实例

12.1.1 压铸件的工艺分析

图 12-1 所示为吊扇电机转子零件,该零件的形状是圆环型,压铸件最大外轮廓尺寸为 175mm,内径尺寸为 131mm,端环高度为 7mm,转子冲片(如图 12-2 所示)铁芯叠厚为 20mm,总高度为 34mm。它是带嵌件的铸铝件。铸件壁厚均匀,平均壁厚约为 6mm,大于铝铸件的最小壁厚 0.5mm。铸件总重量为 885g,其中纯铝(Al-1)183g,压铸件的表面粗糙度和尺寸精度要求不高,整体形状比较简单,体积较大。压铸铝合金密度小,比强度高,耐腐蚀性、耐磨性、导热性、导电性好以及良好的切削性能。纯铝铸造性能差,容易氧化,压铸过程中易发生粘模现象,给压铸工艺带来了一定程度的不便。纯铝的电磁性能符合电动机的要求,常用于压铸电动机转子。

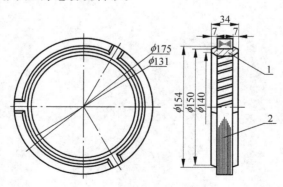

图 12-1 吊扇电机转子

1—端环;2—铁芯

综上所述,该铸件的铸造工艺性较好,适合用压铸方法生产。

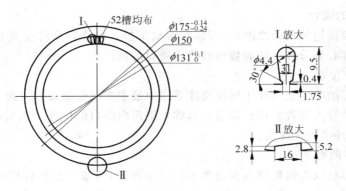

图 12-2　吊扇电机转子冲片

12.1.2　分型面的确定

合理地确定分型面对决定模具的结构和铸件的质量都有较大的影响。通常压铸模具只有一个分型面,有时由于铸件的特殊性,往往需要再增设一个或两个分型面。该零件的结构比较简单,采用一个分型面即可。

(1) 分型面选择的第一种方案如图 12-3(a)所示,分型面在硅钢片铁芯的右边,大部分型腔处于动模。开模时,压铸件随动一起移动,最后由推出机构推出;由于电机转子的特殊性,该压铸件不能像其他压铸件一样直接推出。

(2) 分型面选择的第二种方案如图 12-3(b)所示,分型面在硅钢片铁芯的左边,大部分型腔处于定模。开模时,压铸件不能理解随动一起移动,而要延时,由动模拉出定模,人工取出。

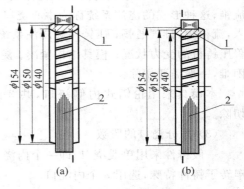

图 12-3　分型面选择

综上所述,结合电机转子的特殊性,选择第二种分型面的设计方案较为合理。

12.1.3　型腔数目的确定

从图 12-1 可知,该零件是带嵌件的铸铝件。压铸件的表面粗糙度和尺寸精度要求不高,电机转子工作时高速旋转,动平衡要求较高,整体形状比较简单,体积较大。为了保证转子压铸件的质量,选择一模一腔的方案比较合理。

12.1.4　浇注系统的设计

浇注系统的设计对注射成型和压铸件的质量有直接影响,是压铸模设计很重要的一环。浇注系统的作用是将熔融状态的金属平稳而顺利地充满型腔,使型腔内的气体能顺利排出,并在填充及凝固过程中将压力传递到型腔的各个部位,以获得组织致密的铸件。浇注系统应使压铸机、压铸模、压铸合金三者得到最为理想的结合和调整,达到最佳的填充形态。

1. 内浇口的设计

内浇口指横流道与型腔之间的一段,其距离很短。内浇口设计主要是选择浇口的位置、金属流的流向、划分浇口的股数和确定内浇口的截面积。

(1) 内浇口位置

内浇口位置的确定是设计压铸模浇注系统中最主要也是最难的问题。应在认真分析液态金属在各种导入位置的填充状态的基础上确定内浇口的位置。本压铸模采用内侧浇口,金属液从端环的内侧导入。

(2) 内浇口的形状

内浇口的形状根据铸件结构和浇注系统类型而定,也要考虑铸件设计的可能性及压铸合金的特性。一般有侧浇口、切线浇口、缝隙浇口、环形浇口、中心浇口、端浇口、轮辐式浇口、点浇口等形式。

侧浇口一般开设在分型面上,按压铸件结构特点,可布置在压铸件外侧或内侧。侧浇口适用于板类、盘类或型腔不太深的壳体类压铸件,适用于单型腔模,也适用于多型腔模。适用性广,浇口去除方便,应用最为普遍。

对于顶部带有通孔的筒类或壳体类压铸件,内浇口开设在孔口处,同时在中心设置分流锥,这种形式的浇注系统称为中心浇口。中心浇口充填时金属液从型腔的中心部位导入,流程短、排气通畅;压铸件和浇注系统、溢流系统在模具分型面上的投影面积小,可改善压铸机的受力状况;模具结构紧凑;浇注系统金属消耗量较少。缺点是浇口去除比较困难,一般需要切除。

本模具采用轮辐式内侧浇口,共 3 条轮辐,它具有中心浇口的优点,浇口不需要切除。

(3) 划分浇口的股数

一般铸件采用单股浇口(即一个内浇口)。形状复杂的铸件,可采用多股浇口。该吊扇转子铸件特殊,选用 3 个内浇口。

(4) 内浇口尺寸的确定

① 内浇口长度一般不大于 3mm。内浇口长度太长,液态金属流动阻力过大,需要作用在液态金属上的压力就更大;太短,则内浇口附近的温度高,内浇口易被冲蚀,使浇口厚度增大,影响充填特性。

② 内浇口的横截面计算。查表可知铝合金密度为 2.7g/cm^3,铝合金液态时密度为 2.4g/cm^3;一般铝合金的充型速度在 $20\sim60\text{m/s}$,壁厚为 6mm 的铸件的金属液流速应该在 $30\sim37\text{m/s}$,这里取充型速度 33m/s;当铝合金铸件的壁厚 6mm 时,推荐的金属液充填型腔时间为在 $0.056\sim0.084\text{s}$,这里取 0.063s 作为计算依据;选择的压射比压为 50MPa。

铸件(铝合金)的重量计算如下。

$$V = V_1 + V_2$$
$$= 24.2 + 52.5$$
$$= 76.7\text{cm}^3$$
$$G = \rho V \approx 207\text{g}$$

式中：V_1——槽总体积，cm^3；

V_2——端环总体积，cm^3。

内浇口截面积设计原理是熔融金属尚未凝固而填充完毕。

$$A_g = \frac{G}{\rho \cdot t \cdot v_n}$$
$$= \frac{0.207}{2400 \times 0.07 \times 37}$$
$$= 4.15 \times 10^{-5} \, m^2$$
$$= 41.5 \, mm^2$$

式中：A_g——内浇口截面积，m^2；

G——通过内浇口的金属液，即铸件质量加溢流槽，kg；

ρ——合金的液态比重，kg/m^3；

v_n——内浇口充填速度，m/s；

t——填充时间，s。

③ 内浇口的厚度和宽度的确定。根据计算值，内浇口的总面积是 $41.5 \, mm^2$。本模具选用 3 道内浇口，每道内浇口的横截面积为 $14 \, mm^2$，内浇口的宽度取 10mm，内浇口的厚度取 1.4mm。

内浇口的尺寸通常需要经过试模，按成型情况酌情修正。对于薄壁复杂铸件，充填成形是主要矛盾，应采用较薄的内浇口，以提高流速，获得外廓清晰、表面光洁的铸件，对厚壁而且形状简单的铸件，最终静压力能否通过内浇口传递给铸件是主要矛盾，宜采用较厚的内浇口，一般设计内浇口时，厚度先做薄些，试模后根据需要扩大。

2. 直浇道的设计

直浇道是传递压力的首要部位。卧式压铸机所使用的压铸模可以说没有直浇道，或者说直浇道与压室内径是一致的，一般根据工艺上所需的比压、浇注的金属量和选定的内浇口充型速度来确定。直浇道一般由压铸机上的压室和压铸模上的浇口套组成，在直浇道中压射结束后留下的一段金属通常称为余料，其结构如图 12-4 所示。

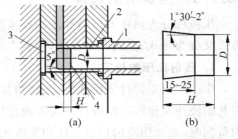

图 12-4　卧式冷压室压铸机用直流道
1—压室；2—浇口套；3—分流锥；4—余料

根据所选的压铸机的比压，取 $D=40 \, mm$，直浇道的厚度（指余料厚度）一般为其直径的 1/2 或 1/3，这里取 $H=15 \, m$。为了使直浇道凝料从浇口套中顺利取出，可在靠近分型面一端长度为 $10 \sim 15 \, mm$ 范围内孔处设置 $1°30' \sim 2°$ 的脱模斜度，压室和浇口套的内孔应在热处理和精磨后沿轴线方向进行研磨，其表面粗糙度要求达到 $0.4 \, \mu m$ 以上。

此外，浇口套的厚度查有关资料可取 $5 \sim 10 \, mm$ 整体制成，根据经验取浇口套的厚度为 8mm。

3. 横浇道的设计

横浇道指直浇道末端到内浇口前端的连接通道。

（1）横浇道的结构形式

横浇道最基本的截面形状有 4 种：圆形、方形、矩形和梯形。其中扁梯形横浇道应用最广，它的优点是金属液热量损失小，加工方便。

本模具的横浇道的结构形式采用扁梯形，具体尺寸计算见表 12-1。

表 12-1　扁梯形横浇道的结构形式及尺寸计算公式

截 面 形 状	计 算 公 式	说 明
	$b=3A_g/h$ （一般） $b=(1.25\sim1.6)A_g/h$ （最小） $h\geqslant(1.5\sim3)H$ $\alpha=10°\sim15°$ $r=2\sim3$	b——横浇道长边尺寸，mm h——横浇道深度，mm A_g——内浇口面积，mm² H——压铸件平均壁厚，mm α——脱模斜度，(°) r——圆角半径，mm

（2）横浇道的尺寸确定

$b=3A_g/h=3×14/10≈4mm$；横浇道深度＝$(1.5\sim3)H=12mm$。

12.1.5　排溢系统的设计

排溢系统由排气槽和溢流槽两大部分组成。

根据分析，本压铸模的充填流态不会产生紊流，带进的气体少，另外合模后，分型面的间隙较大，铁芯片之间都可以排气，不需要专门设置溢流排气槽。

12.1.6　压铸机的选择

压铸机分为热压室压铸和冷压室压铸机两大类，冷压室压铸机按其压室结构和分布方式又分为卧式、立式和全立式，卧式冷压室压铸机应用最广。

1. 压射比压的确定

生产中根据铸件的形状尺寸、结构复杂程度、壁厚以及压铸合金的特性和压铸温度、模具的浇注及排溢系统设计情况等确定压射比压。一般压铸件的形状复杂，工艺条件较为苛刻时，常采用高的压射比压和增压比压。但是过高的比压会使铸件质量变差，降低模具寿命。

因此，在满足要求的前提下，应尽可能选择较低的压射比压和增压比压。对于吊扇转子压铸件，压铸合金为纯铝，铸件平均厚度为 6mm，且压铸件的结构简单。依据有关资料，铝合金的压射比压应该在 40～60MPa，初步选用 50MPa。

2. 压铸机锁模力的计算

锁模力主要是为了克服充型时，型腔内产生的压力（涨型力），以锁紧模具的分型面，防止金属液飞溅，保证铸件的尺寸精度，锁模力计算过程如下。

$$F_涨=\sum KF_主$$
$$=K(F_铸+F_浇+F_余+F_溢)$$

$$F_{铸} = \pi R^2 P = 3.14 \times \left[(0.175 \div 2)^2 - (0.131 \div 2)^2 \right] \times 50\text{MPa}$$
$$= 7.93 \times 10^5 \text{N}$$
$$= 793\text{kN}$$

$$F_{浇} = 1 \times 8 \times 3 \times 50\text{MPa}$$
$$= 1.2\text{kN}$$

$$F_{余} = \pi R^2 P = 3.14 \times (0.04 \div 2)2 \times 50\text{MPa}$$
$$= 62.8\text{kN}$$

$$F_{涨} = (F_{铸} + F_{浇} + F_{余} + F_{溢}) \times P = 857\text{kN}$$

式中：$F_{涨}$——涨型力，kN；

　　　$F_{铸}$——铸件产生的涨型力，kN；

　　　$F_{浇}$——浇注系统产生的涨型力，kN；

　　　$F_{余}$——余料产生的涨型力，kN；

　　　$F_{溢}$——溢流槽产生的涨型力，kN。

锁模力计算如下。

$$F \geqslant K F_{涨} = 943\text{kN}$$

式中：K——安全系数，取 1.1。

　　故锁模力大于或等于 943kN 的压铸机均可选用，因此，决定选用国产 J116D 卧式冷压室压铸机。

3. J116D 卧式冷压室压铸机的主要参数

锁模力(kN)：630

压射力(kN)：35

压铸模最小厚度：150

压铸模最大厚度：350

动模座板行程(mm)：250

压射比压(Mpa)：94

压室直径(mm)：35、40

铸件最大投影面积(cm²)：85

压射冲头最大行程(mm)：80

一次空循环时间(s)：5

拉杆内间距(mm)：水平 305

拉杆内间距(mm)：垂直 305

最大合金浇注量：0.7kg

12.1.7　压铸模的主要零件设计

　　本模具型腔由型腔主板、活块和假轴组成，这 3 个零件为主要工作零件。

1. 成型零件的尺寸计算

　　成型零件中直接决定压铸件几何形状的尺寸称为成型尺寸，计算成型尺寸的目的是保证压铸件的尺寸精度在所规定的公差范围内。在计算成型尺寸时，主要以压铸件的基本尺寸、偏差值以及偏差方向作为计算依据。

成型零件工作尺寸计算的原则如下。

（1）压铸件和成型零件尺寸取单向公差，按入体原则标注。

（2）成型零件取平均收缩率、平均制造公差（取零件公差的 1/4）、平均磨损量（取零件公差的 1/6）。

（3）压铸件与成型零件尺寸标注方法。轴类尺寸采用基轴制，标负差；孔类尺寸采用基孔制，标正差；中心距尺寸公差带对称分布，标正负差；压铸件原尺寸不是按这个规定，要按此规定改成单向公差。

材料铝合金受阻收缩率 0.4%～0.6%，计算时取 0.5%。压铸件尺寸都未注公差，按 IT14 级计算。即 7mm 的公差为 0.36；24mm 的公差为 0.52；34mm 的公差为 0.62；131mm、140mm、150mm 和 154mm 的公差为 1mm。具体计算结果见表 12-2。

表 12-2　压铸模成型尺寸计算结果　　　　　　　　　　　　单位：mm

序号	类	别	压铸件尺寸	计 算 公 式	模具尺寸
1	型腔尺寸	径向	$\phi150_{-1}^{\ 0}$	$D_M = (D + D\varphi\% - 0.7\Delta)_{\ 0}^{+\delta}$	$\phi150.75_{\ 0}^{+0.25}$
2			$\phi154_{-1}^{\ 0}$		$\phi154.77_{\ 0}^{+0.25}$
3		深度	$7_{-0.36}^{\ 0}$	$H_M = (H + H\varphi\% - 0.7\Delta)_{\ 0}^{+\delta}$	$7.04_{\ 0}^{+0.09}$
4			$24_{-0.52}^{\ 0}$		$24.12_{\ 0}^{+0.13}$
5	型芯尺寸	径向	$\phi140_{\ 0}^{+1}$	$d_M = (d + d\varphi\% + 0.7\Delta)_{-\delta}^{\ 0}$	$\phi140.70_{-0.25}^{\ 0}$
6			$\phi131_{\ 0}^{+1}$		$\phi131.65_{-0.25}^{\ 0}$
7		高度	$7_{\ 0}^{+0.36}$	$h_M = (h + h\varphi\% + 0.7\Delta)_{-\delta}^{\ 0}$	$7.04_{\ 0}^{+0.09}$
8			$24_{\ 0}^{+0.52}$		$24.12_{-0.13}^{\ 0}$

成型零件（型腔主板）的外形尺寸：当型腔尺寸在 120～160mm，深度为 15～80mm 时，镶块的壁厚应在 25～40mm，这里取 30mm；镶块底厚应大于或等于 25mm，这里取 30mm。

2. 压铸模结构零件的设计

压铸模结构零件主要有动定模座板，动定模套版，螺钉，分流锥，定位销及紧固零件等，设计模体时主要根据已经确定的设计方案，对有关构件进行合理计算，选择和布置。

套板为盲孔，并且为圆形。壁厚计算如下。

$$h \geqslant \frac{DpH_1}{2[\sigma]H} = \frac{155 \times 50 \times 55}{2 \times 500 \times 85} \approx 6\text{mm}$$

式中：h——套板边框厚度，mm；

D——镶块外径 155，mm；

p——压射比压 50，MPa；

$[\sigma]$——许用抗拉强度，MPa，耐热钢 3Cr2W8$[\sigma]$=500MPa；

H_1——镶块高度 55，mm；

H——套板厚度 85，mm。

12.1.8　导向机构的设计

导向机构的形式主要有导柱和导套导向、锥面定位导向和止口定位导向 3 种。

止口定位导向是指凸台导入凹槽内,从而起到定位导向的作用。止口定位导向机构结构简单,主要是在型腔与型芯以及重要零件的凸台与凹槽上采用较大倒角的方法。止口定位导向机构具有造价低、模具体积小,制造方便等优点。

通过 3 种导向机构的比较,本压铸件为圆环形且结构简单,采用止口定位导向,完全可以满足压铸成型的精度要求。

12.1.9　动、定模座板设计

模座是支承模体、承受机器压力的构件,其一端与动模体结合组成动模部分,另一端则固定在动模固定板上,模座的两端面在锁紧时承受压铸机的锁模力,所以两端面应有足够的受压面积,在推出铸件时模座又受到较大的模座反力,因此模座与动模板的紧固形式必须稳固可靠,在模体较小的情况下,还可以用来调整模具的总高度,满足压铸机模板最小厚度的要求。这里的定模座和动模座的大小为 320mm×320mm×30mm。

12.1.10　压铸模结构及装配图绘制

压铸模由定模和动模两大部分组成。定模固定在压铸机的定模安装板上,浇注系统与压室相通。动模固定在压铸机的动模安装板上,随压铸机的动模安装板移动,合模时,动模与定模闭合形成型腔,金属液通过浇注系统在高压作用下高速填充型腔,开模时动模与定模分开,推出机构将压铸件从型腔中推出。本例采用从定模中拉出的方式。

经过模具结构方案的论证和有关尺寸的计算,最终确定的压铸模结构如图 12-5 所示,零件明细见表 12-3。

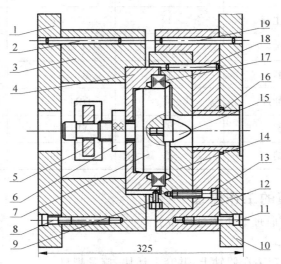

图 12-5　吊扇转子压铸模装配图

1—动模座板;2、18、19—圆柱销;3—动模套板;4—活块;

5—挡板;6—滚花螺母;7—假轴;8、11、13—螺钉;

9—挡销;10—定模座板;12—定模套板;14—型腔主板;

15—分流锥;16—浇口套;17—转子冲片

表 12-3   吊扇转子压铸模零件明细

零件号	名　　称	数　量	材料或规格	备　　注
1	动模座板	1	45 钢	图 12-6
2	圆柱销	2	A10×80	GB 117—1986 A10
3	动模套板	1	45 钢	图 12-7
4	活块	1	3Cr2W8V	图 12-8
5	挡板	1	45 钢	图 12-9
6	滚花螺母	1	45 钢	图 12-10
7	假轴	1	3Cr2W8V	图 12-11
8	螺钉	4	M8×40	GB 70—1985 M8
9	挡销	1	45 钢	图 12-12
10	定模座板	1	45 钢	图 12-13
11	螺钉	4	M6×20	GB 70—1985 M6
12	定模套板	1	45 钢	图 12-14
13	螺钉	4	M8×40	GB 70—1985 M8
14	型腔主板	1	3Cr2W8V	图 12-15
15	分流锥	1	3Cr2W8V	图 12-16
16	浇口套	1	3Cr2W8V	图 12-17
17	转子冲片	40	DR490-50	图 12-2
18	圆柱销	2	A10×30	GB 117—1986 A10
19	圆柱销	2	A10×60	GB 117—1986 A10

12.1.11   压铸模的工作原理

此压铸模的工作原理即压铸过程如下。

（1）转子片称重。

（2）将转子冲片套装在假轴上，并套上活块，旋紧螺母。

（3）将串好转子片的假轴置于压铸模定模内。

（4）合模，动模向定模靠近，合模后，将挡板插入动模套板内。

（5）浇料，将熔化的、合格的铝液浇入压室。

（6）压射，压射冲头向前推进，熔融合金经模具上的浇注系统充填型腔。

（7）保压、凝固，在压力下凝固。

（8）冷却，自然冷却，也可风冷。

（9）开模，压铸机带动动模座板移动，动模座板带动动模套板移动，动模套板带动挡板移动，挡板拉动假轴移动，将转子从定模内拉出。

（10）工人把转子与假轴一起从模具上取下。冲头复位，完成一个压铸循环。

（11）模外手动抽芯，工人手工去掉浇注系统凝料，将转子从假轴上退下。

12.1.12　压铸模零件图绘制

吊扇转子压铸模的非标零件如图 12-6～图 12-17 所示。

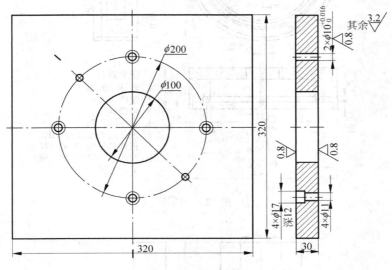

图 12-6　动模座板

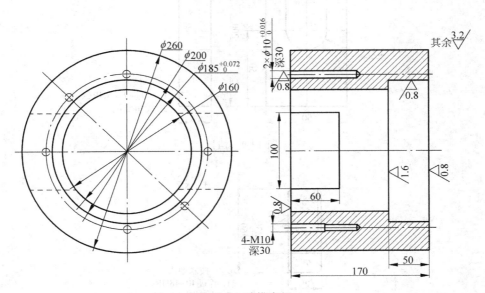

图 12-7　动模套板

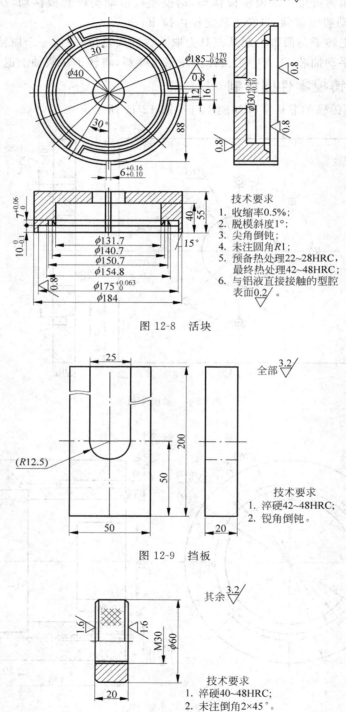

图 12-8　活块

技术要求
1. 收缩率0.5%；
2. 脱模斜度1°；
3. 尖角倒钝；
4. 未注圆角R1；
5. 预备热处理22~28HRC，最终热处理42~48HRC；
6. 与铝液直接接触的型腔表面0.2。

图 12-9　挡板

技术要求
1. 淬硬42~48HRC；
2. 锐角倒钝。

图 12-10　滚花螺母

技术要求
1. 淬硬40~48HRC；
2. 未注倒角2×45°。

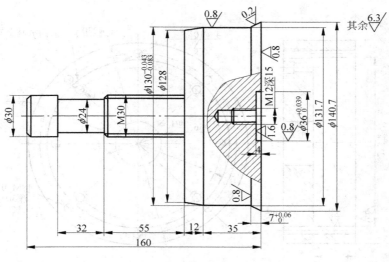

图 12-11 假轴

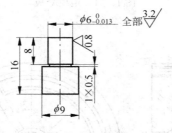

图 12-12 挡销

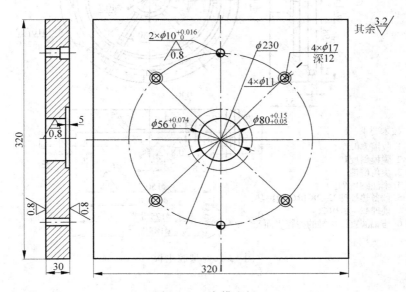

图 12-13 定模座板

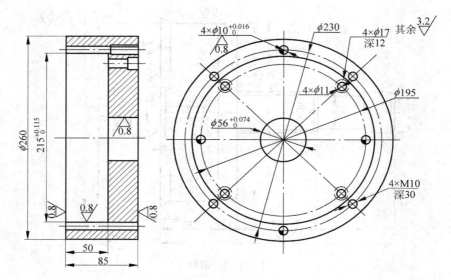

图 12-14　定模套板

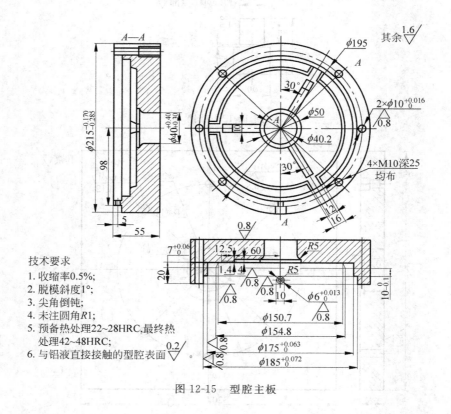

技术要求

1. 收缩率0.5%;
2. 脱模斜度1°;
3. 尖角倒钝;
4. 未注圆角R1;
5. 预备热处理22~28HRC,最终热处理42~48HRC;
6. 与铝液直接接触的型腔表面 $\sqrt{\frac{0.2}{}}$ 。

图 12-15　型腔主板

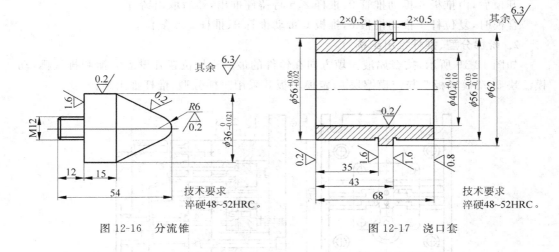

图 12-16　分流锥　　　　　　　　　　　图 12-17　浇口套

12.2　压铸模结构图例

1. 平面分型、推管推杆推出结构

如图 12-18 所示，铸件的叶片部位壁薄，要求排气较好，在中心孔型芯 4 的位置要有足够的推出力。所以，叶片镶件 7 由 10 件组成并设置排气槽，中心孔型芯 4 固定在动模座板 3 并与镶件 8 定位，镶件 8 设置排气槽。推出采用推管、推杆推出结构。

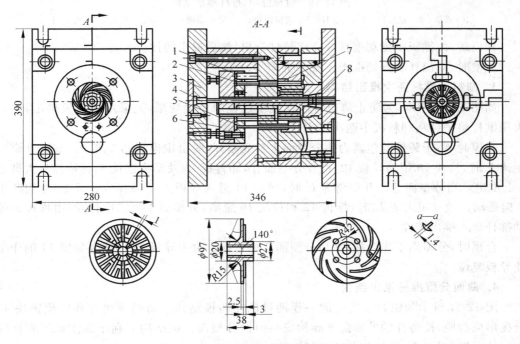

图 12-18　平面分型、推管推杆推出结构

1—复位杆；2、5—推杆；3—动模座板；4—中心孔型芯；6—推板；7、8—镶件；9—推管

开模后,由推板 6 推动推管 9、推杆 2、5 将铸件推出,然后取出铸件。

合模时,复位杆 1 推动推板 6,推板 6 带动推管 9、推杆 2、5 复位。

2. 阶梯分型、推杆推出结构

如图 12-19 所示,按金属液充填方向在铸件的最后充填位置开设溢流槽和排气槽,动模镶块 5、动模套板 7 与定模镶块 6、定模套板 8 采用阶梯分型、推杆推出结构。

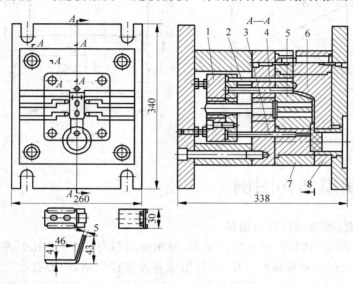

图 12-19   阶梯分型、推杆推出结构
1—推板;2—复位杆;3、4—推杆;5—动模镶块;6—定模镶块;7—动模套板;8—定模套板

开模后,由推板 1 推动推杆 3、4 将铸件推出,然后取出铸件。

合模时,复位杆 2 推动推板 1,带动推杆 3、4 复位。

3. 卸料板推杆两次推出结构

如图 12-20 所示,为防止薄壁铸件在脱模过程中产生变形,先采用卸料板推出,然后再用推杆将铸件从卸料板中两次推出。

开模时,由于铸件的包紧力使分型面 I 首先敞开,脱出定模型芯 7、8、9。继续开模至距离 L 时,拉块 10 带动导板 12,打开分型面 II,卸料板 13 及动模镶块 6,将铸件从大型芯 5 上推出。当分型面 II 敞开距离为 L_1 时,导销 14 滑入导板 12 斜槽内,导板 12 弯钩产生 B 向运动。敞开距离为 L_2 时,导板 12 和拉块 10 脱离,分型面 I 第二次打开,由推板 1 带动推杆 3、4 推出铸件。

合模时,分型面 I 先合拢,然后分型面 II 再合拢。由于导板 12 的槽及导销 14 的作用使导板复位。

4. 曲面分型推杆推出结构

图 12-21 所示为铝合金支臂的一模两件的压铸模结构。动模镶块 9 和定模镶块 13 合拢形成型腔,按铸件的外形圆弧面构成一曲面分型面。该结构有利于浇注系统和排气系统的开设,因而充填、排气条件良好。

图 12-22 所示为支臂及其浇注系统的结构。

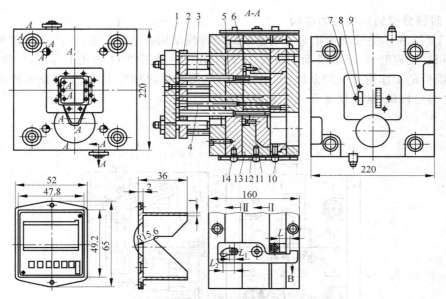

图 12-20　卸料板推杆两次推出结构

1—推板；2—推杆固定板；3、4—推杆；5—大型芯；6—动模镶块；7、8、9—定模型芯；10—拉块
11—螺钉；12—导板；13—卸料板；14—导销

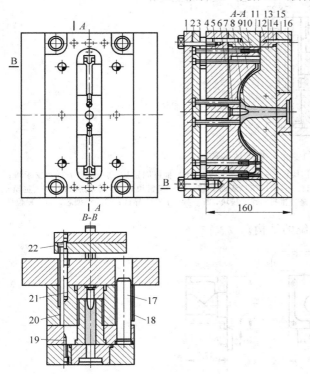

图 12-21　支臂压铸模

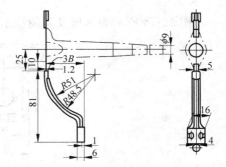

图 12-22　支臂及其浇注系统的结构

1—挡板；2—推杆固定板；3—导钉；4—支承板；5、6、7—推杆；
8—分流锥；9—动模镶块；10—型芯；11—动模套板；12—定模套板；
13—定模镶块；14—销钉；15—定模座板；16—浇口套；17—导柱；
18—导套；19、21、22—螺钉；20—复位杆

5. 阶梯分型斜销抽芯的结构

图 12-23 所示是材质为铝合金的基座的压铸模结构。活动型芯 15 形成铸件的侧孔，固定于可在动模套板 22 上滑动的滑块 13 内。开模时受斜销 11 斜角的作用，从铸件内抽出。合模后的工作位置由楔紧块 16 保证。该结构采用阶梯分型，便于开设溢流槽，动模镶块 12 与定模 19 的合模立面成 1°斜面接合。

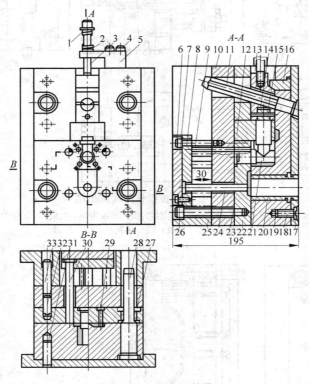

图 12-23 基座压铸模

1—垫圈；2—弹簧；3、4、18、23、26—螺钉；5—挡块；6—导钉；7—挡板；8—推杆固定板；9—推杆；10—支承板；11—斜销；12—动模镶块；13—滑块；14、31、32、33—销；15—活动型芯；16—楔紧块；17—定模座板；19—定模；20—浇口套；21—动模型芯；22—动模套板；24—浇口推杆；25—垫块；27—导套；28—导柱；29—小型芯；30—复位杆

图 12-24 所示为基座及其浇注系统的结构。

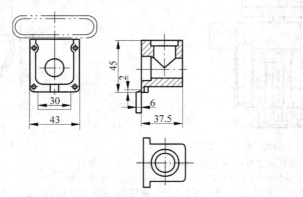

图 12-24 基座及其浇注系统的结构

思考题

设计下列压铸件的压铸模,主要包括以下内容。

(1) 估算压铸件体积,确定分型面和型腔数量,选择压铸机。

(2) 计算成型零件的工作尺寸。

(3) 设计浇注系统,确定直流道、横流道和内浇口的形式和尺寸。

(4) 计算抽芯力、抽芯距,需要侧向分型的设计其抽芯机构。

(5) 设计推出机构。

(6) 绘制模具结构草图。

1. 转子压铸件,如图 12-25 所示。大批量生产,铸铝材料为纯铝,嵌件为硅钢片,如图 12-26 所示。

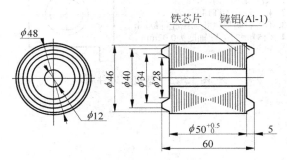

技术要求

1. 收缩率0.5%;
2. 铸件内不得有断条、细条、气孔等缺陷;
3. 铸件表面不得有明显气孔、缩孔等缺陷;
4. 转子槽斜度为一个转子槽。

图 12-25　转子压铸件题 1

2. 罩盖压铸件,如图 12-27 所示。大批量生产,材料 ZL102(铝硅合金),自由收缩率 0.5%～0.75%,受阻收缩率 0.4%～0.65%。

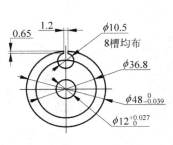

图 12-26　转子冲片图

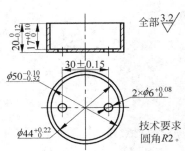

技术要求
圆角 R2。

图 12-27　罩盖压铸件题 2

3. 基座压铸件，如图 12-28 所示。中批生产，材料 YZAlSi12。

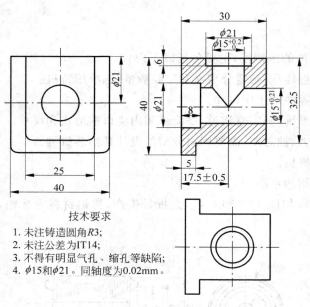

技术要求

1. 未注铸造圆角 R3;
2. 未注公差为 IT14;
3. 不得有明显气孔、缩孔等缺陷;
4. $\phi15$ 和 $\phi21$。同轴度为 0.02mm。

图 12-28　基座压铸件题 3

压铸成型缺陷分析

序号	成型缺陷	产 生 原 因	解 决 措 施
1	流痕	1. 两股金属流不同步充满型腔而留下的痕迹 2. 模具温度低,如锌合金模温低于150℃,铝合金模温低于180℃,都易产生这类缺陷 3. 充填速度太高 4. 涂料用量过多	1. 调整内浇口截面积或位置 2. 调整模具温度,增大溢流槽尺寸 3. 适当调整充填速度以改变熔融金属充填型腔的流动状态 4. 涂料薄而均匀
2	冷隔	1. 熔融合金浇注温度低或模具温度低 2. 合金成分不符合标准,流动性差 3. 熔融合金分股充填,融合不良 4. 浇口不合理,流程太长 5. 充填速度低 6. 比压偏低	1. 适当提高浇注温度和模具温度 2. 改变合金成分,提高流动性 3. 改进浇注系统,改善充填条件 4. 改善排溢条件,如加大溢流量 5. 提高压射比压 6. 提高比压
3	凹陷	1. 铸件结构设计不合理,局部过厚,产生热节 2. 合金收缩率大 3. 内浇口截面积太小,熔融合金先凝固,压力无法传递 4. 比压低 5. 模具温度太高 6. 充填时局部气体未排出,被压缩在型腔表面与熔融合金之间	1. 改善铸件结构,使壁厚尽量均匀,厚薄相差较大的连接处应逐步缓和过渡,消除热节 2. 选择收缩率小的合金 3. 正确设置浇注系统,适当加大内浇口截面积 4. 增大压射力 5. 适当调整模具热平衡条件,采用温控装置调温等 6. 合理设置排气系统
4	气泡	1. 模具温度太高 2. 充填速度太高,金属流卷入气体太多 3. 涂料发气量大,用量过多,浇注前未燃尽,使挥发气体被包在铸件表层 4. 排气不畅 5. 开模过早 6. 合金熔炼温度过高	1. 冷却模具至工作温度 2. 降低压射速度,避免涡流包气 3. 选择发气量小的涂料,用量薄而均匀,燃尽后合模 4. 清理和增设溢流槽和排气道 5. 调整留模时间 6. 调整熔炼工艺,去除熔融合金中的气体和氧化物

续表

序号	成型缺陷	产　生　原　因	解　决　措　施
5	花纹	1. 充填速度太快 2. 涂料用量太多 3. 模具温度偏低	1. 尽量降低压射速度 2. 涂料用量薄而均匀 3. 提高模具温度
6	气孔	1. 浇口位置选择和导流形状不当,熔融合金进入型腔产生正面撞击引起涡流 2. 浇道形状设计不良 3. 压室充满度不够 4. 内浇口速度太高,产生湍流 5. 排气不畅 6. 模具型腔位置太深 7. 涂料过多,充填前未燃尽 8. 炉料不干净,精炼不良	1. 选择有利于型腔内气体排出的浇口位置和导流形状,避免熔融合金先封闭分型面上的排溢系统 2. 使直浇道的喷嘴截面积尽可能比内浇口截面积大 3. 提高压室充满度,尽可能选用较小的压室 4. 在满足成形良好条件下,增大内浇口厚度,降低充填速度 5. 在型腔最后充填部位处开设溢流槽和排气道,并应避免溢流槽和排气道被熔融合金封闭 6. 深腔处开设排气塞 7. 涂料用量薄而均匀,燃尽后充填,采用发气量小的涂料 8. 炉料必须干净、干燥,严格控制熔炼工艺
7	缩孔、缩松	1. 合金浇注温度过高 2. 铸件结构壁厚不均匀,产生热节 3. 比压太低 4. 溢流槽容量不够,溢流口太薄 5. 压室充满度太小,余料太薄,补缩不起作用 6. 内浇口较小,压力无法传递	1. 降低浇注温度,调整模具至适宜的工作温度 2. 改进铸件结构,消除金属积聚部位,使壁厚均匀 3. 适当提高比压 4. 加大溢流槽容量,增厚溢流口 5. 提高压室充满度,采用定量浇注 6. 适当改变浇注系统,以利于压力传递
8	裂纹	1. 铸件结构不合理,铸件的厚薄相接处转变剧烈,收缩受到阻碍,圆角过小 2. 型芯及顶出装置在工作中发生偏斜,受力不均匀 3. 模具温度低,收缩应力大,使合金塑性下降 4. 开模及抽芯时间太迟 5. 合金中有害杂质含量过高,使合金塑性下降	1. 改进铸件结构,减小壁厚差,增大铸造圆角 2. 修正模具结构 3. 提高模具工作温度 4. 缩短开模及抽芯时间 5. 遵守熔炼工艺规程,控制合金中有害杂质的含量,调整合金成分

序号	成型缺陷	产 生 原 因	解 决 措 施
9	变形	1. 铸件结构设计不良,引起不均匀的收缩 2. 开模过早,铸件刚度不够 3. 铸造斜度过小 4. 取置铸件的操作不当 5. 堆放不合理或去除浇口方法不当 6. 推杆位置布置不当	1. 改进铸件结构,使壁厚均匀 2. 确定最佳开模时间,加强铸件刚度 3. 放大铸造斜度 4. 取放铸件应轻拿轻放 5. 铸件堆放应用专用箱,去除浇口方法应恰当 6. 合理布置推杆位置
10	欠铸	1. 合金流动不良 (1) 熔融合金含气量高,氧化严重,流动性下降 (2) 合金浇注温度及模具工作温度过低 (3) 内浇口速度过低 (4) 蓄能器压力不足 (5) 压室直径过大,熔融合金充满度小 (6) 铸件设计不当,壁太薄或厚薄悬殊等 2. 浇注系统不合理 (1) 浇口位置、导流方式、内浇口的数量选择不当 (2) 内浇口截面积太小 3. 排气条件不良 (1) 排气不畅 (2) 涂料过多,未能烘干燃尽 (3) 模具温度过高,型腔内气体压力高	1. 改善合金的流动性 (1) 遵守熔炼工艺规程,排除气体及非金属夹杂物 (2) 适当提高合金浇注温度及模具工作温度 (3) 适当提高压射速度 (4) 补充氮气,提高有效压力 (5) 减小压室直径,采用定量浇注 (6) 改善铸件结构,适当调整壁厚 2. 改善浇注系统 (1) 正确选择浇口位置和导流方式,对异形铸件及大型铸件采用多个内浇口 (2) 增大内浇口截面积或提高压射速度 3. 改善排气条件 (1) 增设溢流槽和排气道,深凹型腔处设通气塞 (2) 涂料应薄而均匀,烘干燃尽后合模 (3) 降低模具温度至工作温度
11	飞边	1. 压铸件的锁模力调整不当 2. 模具及滑块损坏,闭锁元件失效 3. 模具镶块及滑块磨损 4. 模具强度不够造成变形 5. 分型面上杂物未清理干净 6. 投影面积计算不正确,超过锁模力 7. 压射速度过高,形成压力冲击峰值过高	1. 调整合模力和压射增压机构,降低压射增压峰值 2. 检查、修理损坏元件,确保闭锁可靠 3. 检查磨损情况并修复 4. 正确计算模具强度 5. 清理分型面上的杂物 6. 正确计算,调整锁模力 7. 适当调整压射速度

序号	成型缺陷	产 生 原 因	解 决 措 施
12	分层	1. 模具刚度不够,在充填过程中,模板产生抖动 2. 冲头与压室配合不好,在压射中前进速度不平稳 3. 浇注系统设计不当	1. 加强模具刚度,紧固模具零部件 2. 调整压射冲头与压室的配合 3. 合理设计内浇口
13	错边	1. 模具镶块位移 2. 模具导向件磨损 3. 两半模的镶块制造误差	1. 调整模具镶块,加强紧固 2. 更换导柱、导套 3. 修理以消除误差

参 考 文 献

[1] 赖华清.压铸工艺及模具[M].北京：机械工业出版社,2012.

[2] 徐纪平.压铸工艺与模具设计[M].北京：化学工业出版社,2009.

[3] 王鹏驹.压铸模具设计师手册[M].北京：机械工业出版社,2008.

[4] 梅伶.模具课程设计指导[M].北京：机械工业出版社,2007.

[5] 李远才.金属液态成形工艺[M].北京：化学工业出版社,2007.

[6] 范建蓓.压铸模与锻模[M].北京：机械工业出版社,2007.

[7] 王芳.冷冲压模具设计指导[M].北京：机械工业出版社,2006.

[8] 龚雯,等.机械制造技术[M].北京：高等教育出版社,2004.

[9] 屈华昌.塑料成型工艺与模具设计[M].北京：机械工业出版社,2004.

[10] 赵清.小型电动机[M].北京：机械工业出版社,2003.

[11] 隋明阳.机械设计基础[M].北京：机械工业出版社,2002.

[12] 明兴祖.数控加工技术[M].北京：化学工业出版社,2002.

[13] 李世兰.CAD工程绘图[M].北京：机械工业出版社,2002.

[14] 许德珠.机械工程材料[M].北京：高等教育出版社,2001.

[15] 陈于萍.互换性与测量技术.北京[M]：机械工业出版社,2000.

[16] 王永昌.电机制造工艺学[M].北京：机械工业出版社,1984.

[17] 宫克强.特种铸造[M].沈阳：东北工学院,1980.

[18] 手册编写组.压铸技术简明手册[M].北京：国防工业出版社,1980.

[19] 编审委员会.车工工艺学[M].北京：机械工业出版社,1980.